曼　迪

日本长剑

萨菲罗

塔兰多

瓦尔特

紫贵人

辣椒双秆整枝

辣椒三秆整枝

辣椒嫁接育苗

彩椒四秆整枝

彩椒吊蔓栽培

彩椒深沟高畦栽培

辣椒剪枝再生

老龄温室轮作一茬玉米后再种植辣椒

辣椒行间滴灌浇水

用丝绳吊蔓

辣椒疫病

辣椒灰霉病

辣椒疮痂病

辣椒软腐病

辣椒白粉病

辣椒叶霉病

辣椒根腐病

甜椒炭疽病

辣椒叶螨为害

辣椒蚜虫为害症状

辣椒缺氮中下部叶片黄化

辣椒缺钙幼叶边缘变褐色、枯死

辣椒缺钾中下叶叶缘失绿

辣椒缺镁造成的黄化斑叶

辣椒缺硼植株上部叶片扭曲

辣椒缺锌新叶变小

寿光蔬菜生产技术丛书

保护地辣椒
种植难题破解100法

编著者

邵树策　贾美玉

李汉元　胡永军

金盾出版社

内 容 提 要

本书由山东省寿光市农业专家协会邵树策高级农艺师等编著。编著者以问答的形式，从育苗技术、栽培管理、优良品种与栽培要点、病虫害防治、生理障碍防治和栽培新模式等六个方面，介绍了寿光菜农在解决保护地辣椒种植难点和重点问题中的新技术和新经验。本书科学性、实用性和可操作性强，文字通俗易懂，适合广大农民、蔬菜专业户、蔬菜基地生产者和基层农业技术人员阅读，亦可供农业院校有关专业师生参考。

图书在版编目(CIP)数据

保护地辣椒种植难题破解100法/邵树策等编著．—北京：金盾出版社，2007.11
（寿光蔬菜生产技术丛书）
ISBN 978-7-5082-4687-1

Ⅰ．保…　Ⅱ．邵…　Ⅲ．辣椒-保护地栽培　Ⅳ．S641.3

中国版本图书馆CIP数据核字(2007)第150330号

金盾出版社出版、总发行
北京太平路5号（地铁万寿路站往南）
邮政编码：100036　电话：68214039　83219215
传真：68276683　网址：www.jdcbs.cn
彩色印刷：北京精美彩印有限公司
黑白印刷：北京天宝印刷厂
装订：海波装订厂
各地新华书店经销
开本：787×1092 1/32　印张：5.625　彩页：8　字数：114千字
2008年4月第1版第2次印刷
印数：10001—20000册　定价：8.00元

前　言

山东省寿光市农民，在寿光市三元朱村党支部书记、全国劳动模范、全国优秀共产党员王乐义的带领下，学习借鉴东北地区冬季大棚栽培蔬菜的经验，勇于实践，大胆创新，率先在我国北方地区发明和推广了冬暖式塑料大棚(节能日光温室)蔬菜种植技术，变蔬菜一季栽培为四季栽培，实现了蔬菜全年生产，淡季不淡，四季常鲜，引发了寿光乃至全国的一场农业产业化革命。寿光农民在这场农业产业化革命中靠种菜走上了致富之路。截至 2006 年，全市蔬菜种植面积达到 5.3 万公顷，蔬菜总产量达到 600 万吨。寿光市有 500 多个村成了蔬菜生产专业村，有 14 万户成了蔬菜专业户。寿光市在 1995 年被国家命名为“中国蔬菜之乡”。

如今的寿光就像“绿色的海洋”，形成了“百里大棚(日光温室)三条线，万亩蔬菜连成片”的新格局。寿光人的种菜技术不仅在全国 18 个省、市、自治区得到推广，而且走出了国门，走上了世界。美国、俄罗斯、乌克兰、德国、南非、危地马拉等国都有寿光人办的蔬菜农场。2005 年，外地从寿光聘请的蔬菜技术人员多达 4 000 余人，外地来寿光参观和考察蔬菜生产的多达 4 万人。

寿光蔬菜生产的发展，呈现出日新月异的局面。特别是近几年，涌现出了不少新典型、新技术。应金盾出版社之约，我们组织寿光市活跃在农业生产第一线的农业专家对寿光市及其周边地区农民在蔬菜生产中经常遇到的亟须解决的疑难问题、栽培中应注意的关键技术和出现的新技术、典型经验以及一些有推广价值的栽培模式等进行了解、收集和总结，编写了这套丛书。丛书按蔬菜种类分为《保护地番茄种植难题破解100法》、《保护地茄子种植难题破解100法》、《保护地辣椒种植难题破解100法》、《保护地黄瓜种植难题破解100法》、《保护地西葫芦南瓜种植难题破解100法》、《保护地丝瓜苦瓜种植难题破解100法》、《保护地冬瓜瓠瓜种植难题破解100法》、《保护地甜瓜种植难题破解100法》、《保护地菜豆豇豆荷兰豆种植难题破解100法》9个分册。

本丛书的编写强调从蔬菜生产实际出发，突出科学性、实用性和可操作性，深入浅出，文字通俗易懂，以问答形式，向广大农民朋友介绍了10多种常见蔬菜在保护地栽培中所遇到的疑难问题及其解决方法，换句话说，介绍了寿光菜农在蔬菜种植中的先进技术，对农民朋友发展蔬菜生产将起到一定的指导、促进和借鉴作用，对农业科技人员和农业院校有关专业师生也有参考价值。

我们清醒地认识到，寿光种植蔬菜的技术也不是尽善尽美的，也存在着有待解决和提高的问题，全国不少地方和单位蔬菜生产技术在许多方面比寿光更先进，值得寿光菜农学习。本丛书的出版，也是与各地蔬菜生产基地和广大菜农交流经验、接受广大读者检验的一个机会。

由于编者水平所限，书中疏漏、不妥甚至错误之处在所难免，敬请专家和广大读者批评指正。

丛书编委会

2007年2月

目　录

一、育苗技术

1. 怎样配制营养土?

培育辣椒壮苗必须配制营养土,育苗床土的好坏与辣椒幼苗生长和发育有很大关系。苗床土必须肥沃,富含有机物质,有良好的物理性状,保水力强,空气通透性好。用多年种植蔬菜的菜园土做苗床土,虽然土壤肥沃而且物理结构好,但病原菌较多,往往导致苗期病害大量发生,如猝倒病、立枯病等。因此,近年来不提倡用菜园土配制营养土,最好采用未种过菜的大田土壤,因为这种土壤中病菌少。床土以砂壤土为佳,加入适量充分腐熟的农家肥,这些肥料不仅能迅速和持久地供给辣椒幼苗生长发育需要,还能改善床土的物理性状。在育苗过程中,基本无须再施肥。比较常见的有机质肥有草炭和食草性牲畜粪,如马粪。我国草炭资源丰富,它是一种有发展前途的好原料。草炭配制床土质地疏松,总孔隙度达90%(保持水分60%,空气30%)。草炭含腐殖酸,对土壤养分的转化、植株的呼吸和酶的活性有良好影响。草炭中没有病菌和杂草种子,辣椒苗期不易得病,温室内不易长杂草。马粪质地疏松,含纤维素较多,还含有蛋白质、脂肪类、有机酸及多种无机盐类。用马粪配制床土,必须充分腐熟。腐熟的猪圈粪和堆肥均可作为配制床土的原料。

常用的营养土配方有两种:一种是腐熟草炭55%,腐熟鸡粪15%,大粪干10%,田土20%;另一种是腐熟鸡粪40%,大粪干10%,田土50%。另外在500千克营养土中加过磷酸钙0.5~1千克。总之,有机肥应占50%以上,否则土壤板结，影响根系发育。土壤黏重的地区，在营养土中可加入10%～20%粗沙或蛭石，以降低营养土的黏度，提高土壤的通透性。

配制营养土时，一定要将土打碎、过筛，并混合均匀。配好的营养土可铺于耙平的育苗畦或温床内，平整后待播种。也可将营养土装入塑料钵、塑料筒或育苗盘中。育苗盘是塑料硬制箱体，底部有渗水孔，大小型号较多，常用的型号为60厘米×24厘米×6厘米。利用育苗盘播种比较灵活、方便。

2. 辣椒播种前浸种催芽有什么作用？怎样进行？

浸种催芽是为了满足种子发芽所需的温度、水分、氧气等3个条件。浸种催芽有缩短种子萌发时间和促进出苗整齐、迅速的作用。浸种常与种子消毒结合起来进行。

常用的浸种方法有3种：第一种方法是，在清洁的小盆或大碗内，装入50℃～55℃温水，水量为种子体积的5倍。将种子浸入温水中并不断搅拌，待水温下降至30℃时停止搅拌，再浸泡8～12小时，使种子吸足水分，然后捞出种子，沥干水分，用纱布包好，外面再包上浸湿的麻袋片或毛巾，置于盆钵内进行催芽。这种方法称为温汤浸种，对辣椒疮痂病、菌核病有杀菌作用。第二种方法是，将种子用清水浸5～6小时，再放入1%硫酸铜溶液中浸泡5分钟或用福尔马林150倍液浸种15分钟，然后捞出，用清水洗净催芽。这种方法可防止辣椒炭疽病和疮痂病。第三种方法是将种子在清水中浸泡4小时，捞出后再放入10%磷酸三钠溶液中浸泡20～30分钟，也可用2%氢氧化钠溶液浸种15分钟后，用清水洗净后催芽，这样做可使种子上的病毒活性钝化。

辣椒催芽温度为30℃。催芽过程中要常翻动种子包，每天用温水淋洗，使其受温均匀，经 4～5 天后出芽达 60%～70%时即可播种。催芽温度的控制，有条件的地方可使用恒温箱，如无恒温箱，也可将种子包放置火炉旁，但要注意勿将种子烤干，保持温度及湿度均匀。种子质量好，出芽快而且整齐。芽出齐后，如有特殊原因需延迟播种时，可将温度降低5℃～10℃，保持种子周围一定的冷凉环境。

3. 怎样采用基质育辣椒苗？

(1)基质的配比 基质的主要成分是草炭、珍珠岩和蛭石。草炭的主要功能是保证幼苗生长所需的有机质，应选用纤维多的浅层草炭为好，深层草炭或者重金属含量过高的草炭不能用，以免造成肥害；珍珠岩的作用是增加基质的透气性；蛭石的主要作用是保持基质的温度。

基质的合理配比是育成壮苗的重要环节。在冬季育苗时，基质的配比一般是草炭：珍珠岩：蛭石＝5：3：2，但冬季气温低，若基质中蛭石的含量过高，则基质的湿度增大，容易造成秧苗徒长或受病菌侵染。因此，应减少蛭石的用量，配比可改变为草炭：珍珠岩：蛭石＝6：3：1。夏季育苗时，幼苗生长较快，若草炭含量过少，珍珠岩含量过高，则幼苗生长后期有机质供应不足，容易出现僵苗或小老苗现象。因此，夏季育苗时，可适当增加草炭，减少珍珠岩，可将基质配比改为草炭：珍珠岩：蛭石＝7：1：2。基质合理配比，有利于不同时期苗子生长。

(2)种子处理 播种前，一定要将种子进行处理，用10%磷酸三钠溶液浸种 15～20 分钟，以防止病毒病的发生。

(3)养分的供应 养分的供应分两部分：一是浇施营养液；二是喷施叶面肥。幼苗真叶长出后，应及时使用营养液，可用优质三元复合肥 500 倍液进行浇施。但浇过营养液后，必须用清水冲洗一遍，以防止叶片营养液过多，造成肥害。

苗子生长中后期，经常会出现叶色发黄等情况，这时应喷施叶面肥，可用磷酸二氢钾或甲壳素或绿芬威、高盛、志信叶面肥 300～500 倍液，以保证叶片肥厚、叶色深绿。

(4)病害防治 基质穴盘育苗需要经常喷水，保证苗盘湿度，因相对湿度较大，所以一定要防治好病害。

苗子子叶出土后，应及时用药防治苗期立枯病、猝倒病、疫病以及细菌性病害；可用金雷多米尔 750 倍液或阿米西达 1 500 倍液浸盘或灌根，也可用一铜天下对上普力克进行综合防治，间隔 5～7 天喷 1 次药，以防止病菌侵染、病害发生。

(5)适期定植 辣椒幼苗具 5～6 叶 1 心、高 15～20 厘米时即可定植。但在定植时或定植后土壤湿度不要过大，特别是土质黏重的棚田，要注意防止病害发生。

4. 冬春季辣椒育苗怎样防止异常情况？

冬春季辣椒育苗，常因天气变化或管理不当而出现以下 7 种不正常情况。

(1)沤根苗 是苗床湿度大、温度低引起的。其防止措施：①选择透气良好的土壤做苗床，设法提高地温。②采用电热线育苗，使苗床白天温度保持 20℃～25℃，夜间 15℃。③控制浇水。④一旦发生沤根，须及时通风排湿，也可撒施细干土和草木灰吸湿。

(2)徒长苗 因播量大、出苗后高温高湿引起。其防止措施：①严格控制播种量。②秧苗生长拥挤时必须及时间苗、分苗。③蹲苗时要扩大行距，防止过分遮阳。④尽量增强光照，即使在阴天也要适当揭苫，使秧苗见光。⑤控制浇水。⑥

叶面喷施0.2%～0.3%磷酸二氢钾溶液，促使秧苗转壮。

(3)**老化苗**　因苗龄过大或蹲苗时间过长引起。其防止措施：①严格掌握好苗龄，蹲苗时间长短要适度。②蹲苗时低温时间不宜过长，防止长时间干旱造成幼苗老化。蹲苗最好采用控温不控水的办法。③对老化苗，每平方米苗床喷施10～30毫克/千克赤霉素加磷酸二氢钾300～500倍液，以刺激秧苗生长。

(4)**冻害苗**　由苗床温度过低引起。其防止措施：①改进育苗手段，采用人工控温育苗，如电热温床育苗等。②保暖防冻。在寒流到来之前，加强夜间保温，如加厚草苫、覆盖纸被、加盖小拱棚。尽量保持干燥，防止雨雪淋湿。必要时采取加温措施，如生炉火。③适当控制浇水，合理增施磷肥，提高秧苗抗寒能力。④对冻害苗喷施营养液。营养液配方是：绿粉威2号30克，加白糖250克、赤霉素1克、生根粉0.3克，对水15升。

(5)**药害苗**　施药量过大、浓度过高或秧苗幼嫩所致。其防止措施：①科学合理用药。②用药前苗床保持湿润。③如已产生药害时，要及时喷清水或喷缓解药物，如退菌灵药害喷0.2%硫酸锌溶液；辛硫磷药害喷0.2%硼砂或硼酸溶液；多效唑药害喷0.05%赤霉素。

(6)**萎蔫苗**　由连续阴雨突然转晴后全部揭苫所致。其防止措施：若遇连阴天突然转晴后要使幼苗逐渐见光，切勿立即全部揭开覆盖物，应分批揭开，逐渐增加光照。如揭苫后不久发现有的幼苗开始萎蔫，要立即盖苫，待幼苗恢复正常后再揭苫，切忌对萎蔫苗浇水。

(7)**戴帽苗**　因苗床过干、覆土过薄所致。其防止措施：①苗床底水要足。②覆土厚度均匀适当。如辣椒覆土厚度以

1厘米为宜。③播后出苗前，床面覆盖地膜，保持土壤湿润。④出现戴帽苗时可先喷水，待种壳吸湿后，用毛刷轻轻将帽壳扫掉。

5. 夏秋季辣椒怎样育苗？

(1)防止高温危害 选择通风条件良好的地块做苗床，搭建遮阳棚，用遮阳网或无纺布覆盖，也可用树枝遮阳，或在塑料薄膜上喷洒泥浆水。播种后，用麦(稻)秸覆盖苗床，待有60%～70%幼苗出土时立即去除苗床覆盖物。通过遮阳，使温度下降，透光率降低，以利于幼苗生长。

(2)防止大风暴雨危害 选择地势较高、四周有排水沟的地块做苗床，遇暴雨能及时排出积水。遮阳降温的覆盖方式最好采用一网一膜覆盖法，即在塑料薄膜上再覆盖遮阳网，其遮阳降温、防暴雨的性能比单一遮阳网覆盖的效果好，在暴雨来临前，将塑料薄膜拉下，放风口合严，四周用土埋严，防止雨水流入苗床，压膜线固定好，防止被大风吹开。如果苗床进水而使土壤板结，不利种子发芽出土，易造成大量死苗。

(3)防止干旱危害 播种前，要测试种子发芽率，根据测试结果确定播种量，在苗床中浇足底水后播种或充分灌水，然后整地，播种用水不能用污水、脏水，最好用地下水。播种前，苗床要遮阳保湿，根据天气情况，可在早晨或傍晚用喷壶向苗床喷少量水，防止苗床干旱。

(4)防止秧苗徒长 秧苗徒长的主要原因是光照不足，光合作用弱，制造的养料少，温度高，特别是夜温高，呼吸作用强，消耗养料多，使体内干物质含量减少，加之氮肥和水分充足，易导致徒长。另外，秧苗密度过大，互相遮光，光照不足，苗床内不通风，秧苗周围受光少，只有顶部受光多，促使幼茎迅速伸长，也易引起徒长。

(5)**防治病虫危害** 如受高温影响，病毒病、蚜虫、白粉虱等病虫极易发生。施肥要施充分腐熟的有机肥，苗床用多菌灵或甲醛等药剂处理消毒，种子需要温汤浸泡或用药剂处理，避免土传病害发生。播种后，立即在苗床内和四周播撒毒饵，毒杀蝼蛄等地下害虫。采取前述的措施降低苗床温度，有利于预防病毒病发生。选择抗病品种，用防虫网育苗；育苗床内设立黄色和橙色的诱蚜板，诱杀蚜虫。及时喷药，常用药剂有75％达科宁（百菌清）、50％多菌灵、70％代森锰锌、20％病毒A、1.5％植病灵乳油、20％阿米西达、10％世高等。防治地下害虫和地表害虫，可用阿克泰、阿维菌素喷雾或灌根。

6. 夏秋季育苗怎样及早预防病毒病？

在蔬菜病害中，病毒性病害是危害严重、难以治疗的病害。在棚室蔬菜集中产区，因周年种植的蔬菜种类繁多，蔬菜发生病毒病的类型也较多。辣椒发生的病毒病有矮化花叶型、非矮化花叶型、丛簇和畸叶型、条斑坏死型、黄化型、丛枝型、枯顶型、曲顶型等。

在辣椒生育过程中，感染病毒愈早，遭受病毒病的危害愈严重。对于因种子带毒或媒介害虫为害，苗期至结果初期感染病毒病症状的发病菜田，一般会造或绝产。夏秋季带毒媒介害虫为害猖獗，并因强光、高温、干旱等自然条件有利于病原菌的侵染和传播。因此，夏秋季育苗务必及早预防病毒病。

(1)**搞好种子消毒** 用10％磷酸三钠溶液浸泡种子消毒，播种前先用温水浸泡3～4小时，再放入磷酸三钠溶液中浸泡20～30分钟，然后用清水淘洗干净，捞出沥去多余的水分后播种催芽。

(2)**及早防治病毒媒介害虫** 不论是在大棚内还是在露地和小拱棚内育苗，都要采用营养钵苗床育苗。为防止蚜虫、白粉虱、烟飞虱、蓟马等害虫为害幼苗和传播病毒，均须用遮虫网避虫。用小拱棚苗床育苗时，宜先设置遮虫网，后盖棚膜避雨。一旦发现苗床有虫害，要及早进行药剂防治。若发生蓟马为害，可选用20%吡虫啉2 000倍液或阿克泰3 000倍液喷雾防治。

(3)**加强苗床管理，增强苗株抗病性能** 覆盖遮阳网防止日灼，勤浇小水，定植前10～15天喷洒100毫克/升助壮素，即25%助壮素水剂对水2 500倍液，以防止徒长，促矮壮，增强对病毒的抵抗力。同期叶面喷洒绿芬威1号或绿芬威2号1 000倍液，或喷洒增产灵0.005%～0.01%药液，以提高苗株防病抗病能力。也可于定植前后各喷1次Ns-83增抗剂100倍液，以诱导幼苗增强耐病力；用阿克泰1 500～7 500倍液提前3～5天灌苗盘或灌根，可防治蚜虫、白粉虱、蓟马等害虫，有效期可达20～30天，并能促苗壮根，提高对病毒病的抗性。

(4)**搞好棚室保护地消毒** 在定植前10～15天，结合高温闷棚喷洒菌毒清水剂400～450倍液或2%宁南霉素500倍液，对墙面、地面、立柱面、旧棚膜内面全面喷洒消毒。

(5)**拔除病苗和及早进行药剂防治** 一旦发现有病毒病苗株，要立即拔除，并喷布药剂，可用25%植病灵可湿性粉剂500～600倍液，或40%杀毒宝可湿性粉剂600～700倍液喷雾。也可采用3%克病神500倍液加平衡剂500倍液，20%病毒A(盐酸吗啉胍铜)可湿性药剂500倍液加绿芬威1号700～1 000倍液喷洒，亦可喷洒宁南霉素300倍液混加病毒A 500倍液，混加芸薹素内酯6 000倍液，连续喷施2～3次，防病效果优异。

此外，如果在棚室内育苗，注意不可在棚室内吸烟，以免传染烟草花叶病毒。

7. 五彩椒怎样嫁接育苗和管理？

辣椒同一棚室连续种植多年，土传病害发生严重而导致死棵，其主要病害为疫病、根腐、茎基腐、青枯、枯萎病等，药剂防治易产生药物残留影响，通过嫁接育苗能有效克服土传病害的发生，并将成为辣椒防死棵突破性的措施。嫁接砧木品种多数为国外引进，其中有神威、福根卫士、威壮贝尔、全福嫁接王等。

(1)嫁接方法　常用的嫁接方法主要是劈接，成活率可达98%。当砧木长到6～8片真叶时，半木质化茎粗3～5毫米时开始嫁接。嫁接用的刀片要洗干净，不沾土。先在砧木高5厘米处平切，去掉上部，保留2片真叶，然后在砧木茎中间垂直切入1厘米深。留的砧木不能超过3.5厘米，也不能过矮。过矮砧木老化，不易成活，定植时也容易埋上嫁接伤口，导致再生根扎入土中而染病。过高则嫁接后长势偏弱。随后将接穗苗拔出，保留2～3片真叶，去掉下端。削成楔形，楔形大小与砧木接口相当，随即将接穗插入砧木的切口中，对齐后用特制的圆形嫁接夹固定好。

(2)愈合期的管理　嫁接后5～7天是接口的愈合期，这一时期要创造有利于接口愈合的温度、湿度及光照条件，促进接口快速愈合。①温度。嫁接愈合的适宜温度，白天为25℃～28℃，夜间为20℃～2℃。高于或低于这个温度，均不利于接口愈合，影响成活。在冬季温度低的季节嫁接，要在大棚内架设小拱棚保温；高温季节嫁接，要采取办法降温，如覆盖多层遮阳网。②湿度。嫁接后，需要较高的空气湿度，如果嫁接环境内空气相对湿度低，容易引起接穗凋萎，严重影响嫁接成活率。通常保持在95%以上。保持环境湿度的方法，可将嫁接苗放在畦内，营养钵靠紧，畦四边起高垄围上，上插竹拱。在嫁接苗底下浇水，不要从嫁接苗上浇水，防止嫁接口感染，然后用塑料布密封。前4～5天不通风，之后应选择温度、空气相对湿度较高的清晨或傍晚通风，每天1～2次，以后逐渐揭开塑料布，增加通风量和时间，每天喷水1～2次，直至完全成活，才能转入正常管理。③光照。嫁接后需短时间遮光，避免阳光直接照射秧苗，引起接穗萎蔫。嫁接后的3～4天要全部遮光，以后逐渐在早晚放进阳光。随着伤口的愈合，逐渐撤掉覆盖物，成活后转入正常管理。遇阴雨天气可不用遮光，注意遮光时间不可过长，否则会影响嫁接苗的生长。

(3)愈合后的管理 首先摘除砧木萌芽。接口愈合时，经过一段时间的高温、高湿、遮光管理，砧木侧芽生长极其迅速，如果不及时摘除，它很快长成新枝条而直接影响主枝的生长发育，所以要及时、彻底摘除砧木萌芽。以后的管理与普通甜(辣)椒相同。

二、栽培管理

8. 温室改良土壤、培肥地力的措施有哪些？

温室如果利用机械化作业（拖拉机下碾压、挖掘机上土），熟土层几乎全部用于筑修墙体，生土层要达到形成一定的团粒结构，需要足量的有机质和有益微生物，通过微生物的活动分解有机物质，才能熟化土壤，达到土壤中水、温、气、热的协调，为作物的健壮生长提供基本条件。

根据寿光辣椒、彩椒的种植经验，要想一年一大茬辣椒每667平方米产量达到5 000千克，彩椒达到10 000千克以上，土壤的改良和提供的肥料必须做到以下几点。

(1)增施有机质和肥料 每667平方米施用有机肥10立方米以上。有机肥指肥力较高的鸡粪、猪圈肥、人畜粪肥等，有机肥要利用高温季节堆沤发酵3个月左右，使其充分腐熟。作物秸秆每立方米可用2千克碳酸氢铵堆沤进行氨化处理数周（用薄膜覆盖、洒水、堆沤），温室内普遍撒施1 000千克以上，然后深翻于地下。

(2)用其他肥料配合基施 每667平方米温室撒施100～150千克煮熟饼粕，硫酸钾型复合肥100～150千克，磷酸二铵50千克，尿素50千克，生物有机肥（EM菌或CM菌或毛壳菌、激抗菌、酵母菌等）50～100千克，均匀撒施于地面。并适当施用钙、镁、硫、铁、铜、硼、锌、钼、锰等中量、微量元素。

(3)深耕细作，精细整地 普遍深耕30～35厘米，旋耕机一般达不到该深度，可利用人工深翻，最低不得少于25厘米。均匀整地，达到土肥合一。

(4)**灌水及高温闷棚** 做畦后，顺畦灌水，达到浇匀浇透。新大棚在没有覆盖薄膜的情况下，可用薄膜覆盖地面，高温闷棚10～20天，地表温度以达到60℃以上为好。该温度可杀灭土壤表层的微生物和害虫虫卵，又能使有机肥进一步发酵腐熟。高温闷棚揭膜以后，以地面出现菌丝为最好，然后起垄或做畦进行移栽。采用高温闷棚措施，生物肥或生物菌原液不能做基肥施用，可在起垄或做畦时施用，也可在移栽时沟施或穴施或冲施。

(5)**深耕及配套措施** 每隔1年深翻地1次，深度一般要求达到30厘米以上，可结合休闲期种植苜蓿或豆科作物，实行压青改土，培肥地力。实施轮作换茬，最好辣椒与瓜类作物轮作。根据土壤酸碱度情况，及时采取措施调节。种植辣椒1年以上的大棚，应进行1次土壤消毒处理，以杀灭土壤中的害虫和病原菌。

9. 透气性差的土壤对辣椒有什么不良影响？如何改良土壤透气性？

辣椒根系浅，不耐涝不耐旱，对土壤的透气性要求也比较严格。如果根系正常的呼吸受到阻碍，再好的管理方法也很难达到丰产的目的。影响土壤透气性的因素很多，其中土壤、水分是重要因素之一。

在辣椒生产中，经常出现水多伤根的问题，这主要是土壤含水量过多，土壤中的空气被挤压排出，使辣椒根系的呼吸作用难以正常进行，会导致根病发生或植株生长不良。

地下水位过高或浇水过多，水分难以下渗或下渗时间过缓，多发生于土壤团粒结构差和土壤板结的棚室中。土壤团粒结构差和板结，主要原因是有机肥施用不足，过量施用化肥，土壤微生物含量减少。如果通过施用作物秸秆或绿肥，增施优质圈肥或生物有机肥，土壤板结的情况就会迅速改善，否则土壤的透水性就会恶化。透水性好的抗涝能力就强，这种温室、大棚就好管理。

在有机质丰富的土壤中，团粒结构好，空隙度大，土壤透气性好，土质疏松，群众称这种土壤为"海绵田"；反之，土壤透气性差、板结，最易发生内涝，根系得不到充足的空气而受到伤害，常表现为闷根和烂根，并且不浇不死棵，越浇越死棵。

在大棚辣椒的管理过程中，要因地制宜，适时适量浇水。冬季和早春要小水浇、隔行浇，切忌大水漫灌或浇水过量，在地下水位高的黏质土地上尤其如此，否则轻者黄叶、落花落果，重者死棵。

解决土壤透气性的根本方法在于增施有机肥，培养土壤的团粒结构，在普遍增施有机肥的基础上，顺栽培行挖沟（30 厘米×30 厘米），顺沟施用稻壳、麦壳或草炭土或牛马粪或作物秸秆，并撒施生物菌肥或顺沟冲施生物菌液，适当增施甲壳素，使有机质发酵腐熟，将是解决土壤透气性的好做法。

10. 如何用石灰氮进行土壤消毒？消毒后为什么要配合施用有机肥、生物肥？

连作 3 年以上的温室、大棚普遍发生根结线虫和死棵，有的甚至造成毁灭性的损失，如何杀灭根结线虫，解决好辣椒死棵问题，已成为生产上必须认真对待的问题。目前，防治效果良好，又能适应无公害生产要求的大棚土壤消毒方法是石灰氮（氰氨化钙）消毒法，消毒之后配合施用有机肥和生物肥，可起到事半功倍的效果。

（1）石灰氮的消毒方法及注意事项　①时间选择。选在作物已收获并已清洁田园后进行，一般在7～9月份，此时期距离下茬作物种植还有2～3个月的时间，正是夏秋季节温度高、光照好的有利时机。②撒施有机物。每667平方米施用稻草、麦秸或玉米秸秆（最好铡切为4～6厘米的小段，以利于耕翻整地）等有机物1000～2000千克。用石灰氮颗粒剂80千克均匀混合后撒施于土层表面。③深翻混匀。用人工或旋耕机将撒施于土层表面的有机物和石灰氮均匀深翻于土壤中，深翻以30厘米以上为好，应尽量扩大石灰氮与土壤的接触面积。④起垄做畦。垄高以25厘米、宽以30厘米为宜，整平后做成宽1.8米的畦（一个棚间距做2个畦），也可以按定植行距起垄。⑤密封地面。用透明薄膜将土地表面完全覆盖封严（立柱根用土或砖块压严）。⑥膜下灌水。从薄膜下灌水，直至畦面灌足湿透土层为止。⑦密封温室。修理好温室薄膜破损处，将温室完全封闭。利用日光加温，20～30厘米土层温度可达50℃左右，地表温度可达70℃以上，持续15～20天，即可有效杀灭土壤中的真菌、细菌、根结线虫等有害微生物。⑧揭膜晾晒。消毒完成后，翻耕畦面，3天以后方可播种定植作物（定植前可移栽少量秧苗试验）。

注意事项：用石灰氮消毒要做到“三严、三足、一不得”。“三严”：一是石灰氮要撒严，必须全棚地面全部撒严，不留死角；二是地面封严防漏气，有利于提高处理效果；三是棚膜封严，尽量提高棚温和土壤温度。“三足”：一是灌水要足；二是封棚时间要足；三是揭膜晾晒时间要足，晾晒不足会影响秧苗生长。“一不得”：在作业前后24小时内不得饮用任何含酒精的饮料，以防止气体中毒。

石灰氮消毒后，最终完全降解为尿素、氢氧化钙等物质，不会产生任何污染，有利于促进无公害蔬菜的可持续发展。

(2)**配合施用有机肥、生物肥**　采用石灰氮结合高温闷棚进行大棚土壤消毒，在杀灭线虫的同时，既把生存在土壤中的有害土传病菌如立枯丝核菌、疫霉菌、腐霉菌、青枯菌、枯萎菌等进行有效杀灭，同时也把土壤中有益的微生物如解磷、解钾的硅酸盐菌、放线菌等杀灭。未经腐熟的畜禽粪肥、人粪尿和作物秸秆有机物都含有有害病原菌。因此，所有有机肥应在大棚土壤消毒前一起施用到大棚中，与土壤同时进行消毒。消毒后，尽量不再基施未经腐熟的有机肥，以防重新传入有害微生物，造成前功尽弃。

经石灰氮消毒后，土壤中的有益微生物菌已被杀灭，如何尽快培育有益微生物菌群，是蔬菜生长发育所必须的，主要有以下两项措施：①定植前，每 667 平方米顺栽培行沟施 EM 菌肥或 CM 菌肥或酵素菌肥（施用正规厂家生产的）100～150 千克，施后小水顺沟浇灌或隔行浇水 1 次。②定植前，每 667 平方米随水冲施微生物菌原液 2 升；定植后冲施微生物菌原液 2～3 次，每隔 10 天冲施 1 次，每次每 667 平方米冲施 2 升左右。也可以两种方法结合施用。注意在施用微生物菌肥以后，不再使用杀菌剂土壤消毒或灌根，植株无病害症状时少喷施化学杀菌剂。

11. 提倡辣椒起垄种植和地膜覆盖有什么好处？

在辣椒生产上，沟栽和平畦栽培的保护地辣椒，其疫病、根腐病、茎基腐病、青枯病发病概率明显高于起垄种植的。事实说明，栽培方式的差异关系到辣椒的健壮生长和产量的高低。

第一，沟栽或平畦栽培容易积水，形成涝害，影响根系的生长；同时也容易为病原菌创造适宜发育的环境，从而导致病害增多，如根腐病、疫病、菌核病等。沟栽或平畦栽培后，不少菜农又采用包土成垄的方式进行管理，这也是一种错误的做法。包土成垄是基于露地栽培蔬菜容易倒伏的特点而进行加固处理的一种措施。而棚室蔬菜一般不会发生倒伏现象，应用包土成垄的方法没有必要。并且包土成垄相对加深了栽培的深度，使得植株下部叶片与地表接近，易导致病害发生，同时不便于浇水施肥。若水浇小了，浇不透；若水浇大了，根系呼吸作用受阻，影响根系生长，起不到浇沟洇垄的效果。而起垄定植、地膜覆盖就能很好地解决上述问题，为作物的生长创造有利的环境。

第二，垄作利于土壤耕层通气和根系呼吸。

第三，垄作能加大土壤耕作层的昼夜温差，有利于促进花芽分化和苗壮，且能抑制徒长，促进壮棵。

第四，垄作便于浇水和冲施肥料，尤其便于大小行间隔沟浇水和交替冲施肥料，容易控制浇水量。

第五，地膜覆盖能保墒，维持土壤适宜温度；并能增加耕作层土壤的热容量，便于调节棚内昼夜温差，使昼夜间棚温上升不致过快，温度不致过高，而夜间棚温下降缓慢，夜温不致过低。

第六，覆盖地膜因能减少地表水分蒸发，能降低棚内空气湿度，有利于防病，并能缓解通风排湿与保温的矛盾。

第七，地膜覆盖避免了某些病菌和虫害与土壤直接的接触，可有效地防止有些土传病害和地下害虫。

第八，地膜覆盖能反射进入棚内的阳光，对植株下部叶片有增加光照、加强光合作用的效能。

第九，不同的地膜覆盖均能抑制杂草的生长，尤其是除草膜和黑色膜；银灰色膜能避蚜虫。

12. 如何用农作物秸秆自制有机物菌肥？

利用 EM、CM、AM、酵素菌液中的任一种，对稻壳、麦壳、铡细短的玉米秸秆、麦秸、豆秆等进行堆沤发酵，通过微生物产生多种酶，促进有机物的分解，使发酵物转化为供植株生长的营养物质的微生物有机肥。

自制微生物有机肥成本低，简便易行，对增加土壤有机质和活性菌，改良土壤性质破除板结，预防土壤连作障碍效果显著。其具体做法如下。

(1)材料准备 每 1 000 千克作物秸秆需要菌液 2 升左右，尿素 5 千克，也可用 10%的人粪尿、鸡粪或 30%的圈肥代替，再加麦麸 5 千克、过磷酸钙 5 千克。

(2)材料处理 玉米秸、麦秸要铡成 10 厘米左右的小段，稻壳、麦壳或杂草、绿叶可不做以上处理。

(3)堆沤要点 要掌握"吃饱、喝足、盖严"六字要领。"吃饱"，是指秸秆和调节碳酸氢铵比的尿素或圈肥及麦麸要按要求的量加足；"喝足"，是指秸秆必须被水浸透，加足水是堆沤的关键；"盖严"，是指成堆后用泥土密封，可起到保温保水的作用。堆制 10～15 天可翻堆 1 次并酌情补水，以加速成肥过程。如不进行翻堆，要在堆的中央插数把秸秆束，以便于透气，满足好气微生物的活动。

(4)堆制方法 主要有 3 种：①集中堆制法。选择背风向阳的地方建堆，以利于增温，但温度不宜超过 45℃。堆底要求平实，并在四周起 30 厘米的土埂，以防止跑水。将已湿透的秸秆堆高 60 厘米时浇足水，秸秆面先撒所需尿素、磷肥总量的 1/5，再加少量水溶解，然后均匀撒上菌种和麦麸的混合物的 1/5，再撒秸秆 30～40 厘米厚及其余的化肥和菌种，然后用泥封盖2厘米厚。要求堆宽1.5～2米，高1.5米左右，长度不限，分3～4层堆沤。对玉米秸秆要适当踩实，其他沤制材料不用踩实。②深埋堆沤法。可在果园、地头、路沟采用挖沟的方法沤制，挖宽为60～70厘米、深为100厘米的条沟，在沟内按上述堆制方法沤制。③温室基施法。顺温室栽培行挖深为50厘米、宽为50厘米的沟，在沟内撒30厘米的秸秆进行沤制，沤制方法同上。最上面盖土施肥后直接定植，最好是起垄定植。要求秸秆应铡成10厘米的小段。

(5)堆沤菌肥检验 成肥颜色以黄褐色为好，有霉草味或发酵味最佳；纤维脆酥，轻压易碎。

(6)生物肥的施用 可作为基肥，与有机肥在耕翻土地前撒施，深翻于地下。也可顺栽植行开沟深施，覆土起垄后定植秧苗，其效果更好。

13. 为什么说保护地施用生物菌肥是大势所趋？

寿光市姜家村姜勇日光温室连作数年，土传病害严重，导致辣椒死棵。2005年，他利用1公顷地的小麦秸秆和麦壳沤肥，并加入了部分猪粪和AM菌液，经充分发酵后施入日光温室做基肥，后来每667平方米日光温室又冲施了15千克尿素，辣椒不但没有死棵，而且长势特别好，产量增加了20%以上。2006年他从各处收集了大量杂草、麦秸、麦壳，并加上猪粪和碳铵，用AM菌发酵沤制有机肥，为下茬蔬菜丰收打下了基础。他说，"每当看到有些农民在田里焚烧麦秸、玉米秸时，就觉得心疼，这些东西经过生物菌沤制是最好的肥料，烧掉的简直是人民币"。

棚室辣椒种植多年，有的菜农产生疑问，为什么越种越"薄"，问题越来越多。土壤连作障碍是造成这个问题的主要原因，用溴甲烷、氰氨化钙进行土壤消毒，或者换新土，也可用辣椒专用砧木嫁接，能较好地解决这个问题。但从土壤的本质上讲，连作造成的土壤积盐、酸化、有害微生物及其分泌物增多是土质变劣的主要矛盾。生产实践证明，通过增施微生物菌肥，既能提供作物生长所必需的营养元素，又能达到以菌治菌，以大量有益菌占据土壤微生物的主导地位，逐步改良土壤的目的，这将是今后蔬菜棚室肥料发展的方向。

目前生产上广泛采用酵素菌、AM 菌、CM 菌、激抗菌、毛壳菌、拮抗菌制作的肥料很多，通过基施或冲施，能有效地改善土壤理化状况，变薄地为肥地，土传病害显著减轻，这是施用大量有机肥或者化肥所不能比拟的。

微生物菌肥为什么能改良土壤、防病和增产呢？其作用主要有如下 3 个方面。

(1)具有平衡土壤养分的作用 因为微生物菌肥含有几十种土壤有益菌组成的菌群，其中含有磷细菌、钾细菌、固氮菌、乳酸菌、放线菌等。①解磷。磷元素移动性差，易被土壤固定，在增施微生物肥后，其中的磷细菌可分解土壤中已被固定的磷元素，有效磷的分解量可提高 80%左右，从而能重新被作物吸收和利用。②解钾。钾元素系晶格物，大量存在于钾长石中，仍然有 50%左右不能被作物吸收利用，在解钾细菌的作用下，有效钾可提高 20%以上，在保护地连年施用含钾复合肥的情况下，一季蔬菜不施钾肥，注意增施生物菌肥或冲施菌液，增产效果亦十分明显。③固氮。菜田撒施或冲施氮素化肥，利用率一般在 30%左右，绝大部分随水淋溶流失或被土壤固定。微生物肥在放线菌等固氮菌的作用下，能固定和缓释土壤中的氮素，供作物均衡长效利用。据有关报道，施用微生物肥比单纯施氮素化肥可使土壤中的硝酸盐含量下降40%左右，对生产无公害蔬菜十分有利。

(2)**对植物体的生长具有平衡作用** 有益微生物不但分解土壤中的矿质营养，并且自身能分泌酶和激素，对植物的生长具有调节、平衡和促进作用，能促进提早成熟，能抑制徒长，解除僵化、老化菌等作用十分突出。有报道称，微生物肥中的有益菌能产生糖类、有机酸、氨基酸、酶类物质，能参与腐殖酸的形成，施菌肥比单施堆肥和畜禽肥可提高腐殖酸25.6%，使胡敏酸与富里酸增加45.1%，因而可改善土壤结构；并能刺激植物体营养运转，加速叶片营养向果实流动，从而可提高产量。

微生物肥能加速作物秸秆等有机物的腐熟，通过其发酵作用产生二氧化碳气体，供应植物根系和叶片吸收，增产作用为30%以上。

(3)**具有解盐防病作用** 有益微生物菌群处于一个统一体中，互不拮抗，互相促进，共同构成一个复杂而稳定的具有多元功能的微生态系统，可抑制有害微生物，尤其是病原菌和腐败细菌的活动，减轻并逐步消除土传病害和连作障碍。由于微生物菌具有分解和合成糖类、有机酸类、酶类的功能，对于连作田的积盐能分解转化，从而降低了土壤含盐量。在生产实践中，基施或冲施微生物菌肥和原液2～3次，土壤含盐量可降低50%以上，对于作物具有“起死回生”的效果，连续施用2～3年，土壤连作障碍将得以克服。

14. 温室辣椒施肥的要领是什么？

(1)**重施基肥** 辣椒对土壤的适应性较广，沙土、壤土、黏土等均能栽培，但以土层深厚、疏松肥沃、富含有机质、透水透气性好的壤土或腐殖土为最适宜。土壤pH以6.8为最合适。辣椒忌连作，与瓜类作物轮作较好。前茬作物收获后，要及时清洁田园，然后施肥整地。一般每667平方米施腐熟有机肥(厩肥)5 000千克以上，过磷酸钙25千克左右，硫酸钾复合肥30～50千克做基肥。深耕后做畦或起垄。选择晴好天开沟定植，定植水要浇透，然后用地膜覆盖以保温、保湿。

(2)巧施追肥 辣椒生育期较长，又是多次采收，必须保证生育期有充足的养分供应，要及时追施肥料，应采取勤施、轻施的原则。第一次施肥可于定植后15天进行。为促苗早发棵，每667平方米随水追施稀人粪尿5 000～10 000千克，也可追施氮磷钾蔬菜专用肥20～25千克。第二次施肥在门椒膨大时进行，每667平方米追施腐熟的豆饼肥50～100千克，或生物菌肥或腐殖酸有机肥，也可施用三元复合肥25千克。第三次施肥在结果盛期进行，追施腐熟的人粪尿与饼粕肥，用量与第二次相同。以后可根据植株长势和土壤供肥状况，每隔3天随水追1次肥。要以有机肥为主，追施适量复合肥，这样既可以延长结果期，又可防止早衰减产。

15. 如何正确施用叶面肥？

(1)什么是叶面施肥 作物的根不仅能吸收养分，作物的整个株体(花、果、叶、茎)都能吸收养分，尤其是叶面，吸收养分的功能非常强。人们根据作物叶面能吸收肥料这一特点，将肥料科学地配成一定浓度的溶液，喷施于作物的叶面上，这种施肥方法叫做叶面施肥。

(2)叶面施肥有哪些好处 ①用量少。如果根部施肥每667平方米每次需几十千克、上百千克，而叶面施肥则只需0.1千克。②不含激素，见效快。叶面施肥在几个小时到几十个小时就可以吸收大部分养分，而根部施肥一般需3～5天或更长时间吸收才能见效。③利用率高，对症下药。在作物根部土壤中施肥，肥料的利用率很低，通常不到30%，而叶面施肥绝大部分都可被作物吸收、利用。④减少污染，利于环保。叶面施肥可减少因根部施肥造成的环境污染。⑤高效省时，降低成本。叶面施肥可同时将氮磷钾及各种微量元素配好一起喷施，还可以和多种农药同时施用，省工省时，降低成本。

(3)作物哪个生长期叶面施肥最好 作物的整个生产期均可叶面施肥，都有很好的效果。①苗期。移栽前或移栽后，根系不发达，吸收能力差，这时叶面施肥可有效地促进作物生长发育。②生长前期。为养分临界期，这个时期如缺少养分，则过了这个时期施肥是补不回来的，这时叶面施肥能迅速补充养分。③生长旺期。作物生长所需养分多，根系吸收养分难以满足作物快速生长的需要，叶面施肥能及时提供作物所需的养分。④生长后期。作物根系开始衰老，吸收能力差，叶面施肥可弥补根部吸收的不足，以保证作物正常的养分供给和吸收。此外，作物在遭受旱涝、霜冻、病虫害等自然灾害及药害时，喷施叶面肥有利于作物恢复正常生长。农民朋友可根据作物生长的具体情况，选择不同时期喷施叶面肥。

16. 辣椒有哪些追肥方法？各有哪些利弊？

(1)冲施 在为作物浇水时，把定量化肥撒在水沟内溶化，随浇水渗入植物根系周围的土壤内。这种施肥方法浪费的肥料较多，在渠道内容易渗漏流失，在田间作物根系达不到的深层，也会渗入部分肥料造成浪费。其优点是用法简单，省工省时，劳动量不大。在肥源充足、种植面积大、劳动力矛盾冲突时可采用此法。在大面积蔬菜出现严重缺肥症状时，可以作为首选的追肥方法。

(2)**撒施** 作物浇完水后，趁畦土墒情适宜，又能下田时，将定量化肥撒施于作物畦面或作物株行间。这种施肥方法比较简单，但有一部分肥料会挥发损失，特别是碳酸氢铵挥发性很强，不能采用；硫酸铵、尿素和硫酸钾可以撒施，但只有在田间操作不方便、作物又急用情况下选用。

(3)**埋施** 在作物株间或行间开沟挖坑，将定量化肥施入，再填上土。这种方法肥料浪费少，最经济，但劳动量大，费工，且操作不方便，使用时还要注意安全；埋肥沟、坑要离作物茎基部10厘米以上，若离根太近，则容易损伤根系。由于肥料集中，浓度大，该方法在作物生长旺盛、需水较多的夏季不要采用，在作物的需水临界期更不能采用。一般在冬闲季节，劳动力充足，作物生长量不大时可采用此法，让埋施的肥料逐步分解，不断供给植物。但在实际生产中，作物的生长高峰往往也是需肥需水高峰，因此，埋施法常常在温度较高时被采用。为防止产生负效应，埋施后一定要浇水，以降低埋施的肥料浓度。

(4)**滴灌施肥** 随着保护地蔬菜生产技术的发展，与之相配套的滴灌技术得到广泛应用，同时也使施肥方法走上自动化轨道。利用滴灌设施进行追肥的具体方法是：在水源进入滴灌主管的部位安装施肥器，在施肥器中将化肥溶解，将滴灌主管插入施肥器的吸入管过滤嘴，肥料即可随浇水自动进入作物根系周围的土壤中。由于地膜覆盖，肥料几乎不挥发、无损失，肥料虽集中，但浓度小，因此既安全又省工省力，效果很好。这是目前较科学、具有极大发展前景的追肥方法，但须进行严密的地膜覆盖并有配套的滴灌和自来水设备才能使用。

(5)**根外追肥** 根外追肥就是叶面喷肥。结合喷药多次进行根外追肥，以补充作物的养分不足。这种方法用肥量少、肥效快，又可避免肥分被土壤固定，是一种经济有效的追肥方法。在缺素明显或作物生长后期根系衰老的情况下使用，更能显示其效果。

蔬菜根外施肥所使用的肥料，除了尿素、磷酸二氢钾、硫酸钾、硝酸钾、复合肥等常用的大量元素肥料外，一些微量元素或含有多种氨基酸成分的肥料，具有一定效果，如喷施宝、植保素、绿芬威等。但必须说明的是，蔬菜生长发育所需要的基本营养元素主要来自于基肥和采用其他方式追施的肥料，根外追肥只能作为一种辅助措施。

17. 如何正确使用有机肥？

(1)**提前施肥** 有机肥属于缓释长效肥料，在水分、温度的共同作用下才能释放养分，依据这一特点，必须提前施肥，浇水发酵待种植。据试验发现，优质有机肥一般夏季施入5～7天、秋季施入8～12天、冬春季施入15～20天后，肥料会长出白毛毛(菌丝)，它是有机肥开始释放养分的信号。广大菜农朋友可根据这一现象，在幼苗进棚定植时，与肥料的提前施入期有机地结合起来，就可以做到肥料的释放与根系的吸收恰到好处地结合起来，达到施肥效益最大化。

(2)**集中施肥** 如果前茬腾茬较晚，后茬追肥时或间作套种施肥时，可实行穴施或条施。边施肥边用手搂划，使肥料和土壤充分搅拌均匀，覆土平沟，然后定植。采用此方法可集中施肥，提高肥效，效果很好。

(3)**不施生粪** 畜禽粪便是优质有机肥，但含有大量尿酸，易烧根、烧苗、熏叶，同时还含有线虫虫卵和腐霉菌等，导致根结线虫和疫霉根腐病的大量发生，严重地困扰着大棚蔬菜的生产。凡发现线虫为害的大棚，从药物处置的费用到高温闷棚的费用，加之作物减产的损失，与好棚相比，减收一半，严重的可减收2/3。保护地发生疫霉根腐病，破坏植物根系及茎基部维管束，叶片昼蔫夜展，反复5～7天后大面积死亡，几乎绝收。近年该病有蔓延抬头的趋势，所以生粪必须堆沤发酵，用薄膜覆盖，经常检查。当出现白毛毛时，粪已腐熟，虫卵和菌孢子已杀死，此时可使用或扒开晒干存放；否则，继续发酵出现黄毛时，粪的养分已被破坏；出现绿毛时，粪已经产生大量病毒。掌握好这三个环节，是堆沤发酵的关键。因此，一旦发现有根结线虫病和疫霉根腐病的温室、大棚，经高温闷棚后，每次耕作前，须对耕作机械接触过的地面用火碱或水冲刷，并不再使用生粪，而改用有机肥，这是杜绝线虫和腐霉菌的有效途径。

市场上的商品有机肥效果最好的是以动植物为原料的有机肥、腐殖酸类有机肥、微生物有机肥等。它们采用以动物源和植物源中的骨粉、蹄角粉、植物的饼粕，经瞬间高温灭菌和发酵处理，物理合成。用它与鸡粪进行等价值试验，效果显著，明显优于鸡粪，增产率达到12％以上，发病率下降到23％，省工省力，操作方便，是替代鸡粪的优质有机肥。

18. 有机肥与无机肥如何搭配混用？有什么好处？

将有机肥与无机肥进行科学的搭配，不仅可以防止有效成分的挥发流失，而且可以明显提高肥效。

(1)有机肥与无机肥的科学搭配 ①人粪尿与硫酸亚铁搭配。每100千克人粪尿中加入500～600克硫酸亚铁，可使人粪尿中碳酸铵转化成性质稳定的硫酸铵，起到保肥除臭、防止氮素挥发流失的作用。②人粪尿与过磷酸钙搭配。在每100千克人粪尿中加入5千克过磷酸钙，搅拌均匀后存放3～10天，能使人粪尿中极易挥发的碳酸铵转化成性质稳定的磷酸铵，从而增加人粪尿中磷的元素，以磷保氮，使肥效大增。③草木灰与过磷酸钙搭配。用草木灰6千克对水30升浸泡，再加过磷酸钙2千克，6小时后再加入100升水拌匀，静置沉淀后取清液喷施，可获得与磷酸二氢钾相同的肥效。④堆沤肥与碳酸氢铵搭配。将杂草、植物茎秆、叶等铡成碎段，加入0.5%～1%的碳酸氢铵和人粪尿堆积沤制，然后用泥浆覆盖密封，充分腐熟后，就成了高效的生物钾肥。⑤厩肥与过磷酸钙搭配。在牲畜圈中起出的粪加入20%的过磷酸钙拌匀，堆放20天后，不仅可以防止厩肥中氮素养分的挥发流失，而且能加速厩肥的腐熟过程，增加有效磷的含量。

(2)有机肥与无机肥混用的好处　①可以全面供应作物生长所需要的养分。化肥的特点是养分含量高，肥效快，但持续时间短，养分单一。因此，两者混用可取长补短，满足作物各个生长期对养分的需要。②可以减少养分固定，进一步提高肥效。化肥施入土壤后，有些养分会被土壤吸收或固定，从而降低了养分的有效性。如果化肥与农家肥混用，就可以减少化肥与土壤的接触面，从而减少化肥被土壤固定，可提高养分的有效性。③可以保蓄养分，减少流失，改善作物对养分的吸收。化肥溶解度大，使用后对土壤造成较高的渗透压，影响作物对养分和水分的吸收，这就增加了养分流失的机会。如与有机肥搭配混施，这个弊端则迎刃而解，可促进作物对养分和水分的吸收。④可有效调节土壤的酸碱度，改良土壤结构。在碱性土壤上，单施酸性化肥，铵被吸收后，剩下的酸根与土壤中的氢离子结合生成酸，会导致土壤板结，酸性增强，使土壤结构遭到破坏。如与有机肥搭配混用，这个矛盾就解决了。这是因为有机肥能缓解提高土壤的缓冲能力，有效地调节酸碱性，使土壤酸性不致增高。⑤可增加土壤养分，提高土壤活力。农家肥是微生物生活的能源，化肥是供给微生物生长发育的无机营养。两者混用就能促进微生物的活动，进而促进有机肥的分解。土壤微生物的活动还能增加各种刺激素，如维生素、生物素、烟碱酸等，增加土壤养分，提高土壤活力，促进植物生长。

19. 怎样使鸡粪快速腐熟？

鸡粪是菜农应用最广的有机肥，然而在生产实践中，鸡粪常常腐熟不充分而危及作物的正常生长。菜农常用的鸡粪发酵法是堆积让其自然发酵，但腐熟慢且腐熟不充分。如何让鸡粪快速腐熟呢？现介绍一种使用微生物秸秆速腐剂快速发酵鸡粪的方法。

(1) 干鸡粪发酵　①先将干鸡粪平铺在地上呈长条状，按鸡粪重量的 35%洒水。每 1 000 千克鸡粪撒速腐剂 1 千克(因速腐剂用量少很难均匀，可先加入米糠或麦麸制成预混料)，加过磷酸钙 15 千克(除臭用)，加草粉或草炭 100 千克，而后将堆肥翻倒两遍，堆成高约 1 米、宽 1.5～2 米、长度不限的堆，并在堆顶打孔若干个。最后用长方形塑料布将肥堆覆盖，塑料布与地面相接，隔 1 米压一重物，使膜内既通风又避免被大风鼓起。在夏、秋季节发酵，早、晚揭膜各通风 1 次(1～2 小时)。若天气晴朗，可于头天傍晚揭膜，翌日早上覆盖。堆沤 3～4 天后，堆温可升至 60℃～70℃。堆沤 10 天后可翻堆 1 次，堆沤 20 天即能熟透，此时肥分提高，并能消灭有害虫、菌。②先将干鸡粪平铺在地上呈长条状，将混有肥力高菌液的水(约为鸡粪重量的35%)均匀洒在干鸡粪上,再将堆肥翻倒两遍,使肥力高菌液水与鸡粪均匀混合,堆成堆,用薄膜将肥堆覆盖压严进行发酵。堆沤10天左右即能腐熟透,即成优质基肥。

(2)湿鸡粪发酵 ①在地面上铺一层秸秆粉(米糠、草粉、花生壳粉、草炭均可),然后将湿鸡粪铺在上面,在堆料中撒入0.1%尿素,按每吨秸秆粉撒入15千克过磷酸钙,按0.2%速腐剂制预混料撒入(速腐剂为0.2%,另加麸皮或米糠预混合)。可用秸秆粉调节湿度,以手握成团为宜。将堆肥翻倒两遍,堆成宽1.5~2米、高1米左右、长度不限的堆,并用棍打通气孔,盖上塑料布保温、保湿、保肥。其他管理同干鸡粪发酵,应特别注意通风换气。②先在地上铺一层秸秆,然后将干鸡粪铺在上面,每铺一层用喷雾器均匀喷洒一次肥力高溶液。秸秆的作用一是调节肥堆的水分,二是腐熟后也是好的有机肥。将堆肥翻倒两遍,堆成堆,并用棍打通气孔,盖上薄膜保温、保湿、保肥。其他管理与干鸡粪发酵相同,只是应特别注意通风换气。

不论是干鸡粪还是鲜鸡粪,若因茬口安排来不及堆成堆发酵,可将其均匀撒入棚地,然后再均匀喷施一遍肥力高溶液,然后进行翻地闷棚,也能达到良好的腐熟效果。

20. 辣椒使用多少肥料合适?

辣椒是需要肥料较多、吸收肥量较大的一种作物。据有关研究结果,生产2 000千克的辣椒需要吸收氮10.38~11.6千克,磷1.16~2.2千克,钾12.92~14.8千克。试验证明,对辣椒施肥应适量多施氮,其次是钾,磷可少施。氮多、钾中、磷少的施肥方案,较氮、磷、钾等比的方案增产24.9%,比氮中、磷少、钾多的方案增产26.8%。

科学合理的施肥方法，首先要测定土壤中的各种有效成分含量，算出土壤可供养分量；再将获得一定产量的辣椒所需吸收的养分含量减去土壤可供养分量，最后根据不同肥料的养分含量及其吸收利用率计算出氮磷钾肥所需施用量。这就是较为先进的测土配方施肥。没有条件测土、农家肥又极少的地方，要获得辣椒高产，建议一般每667平方米应施氮磷钾复合肥50～60千克，钙镁磷肥50千克左右，尿素15～25千克，硫酸钾或氯化钾10～20千克（或草木灰200千克）。具体施肥量依据土壤肥力增减。其中钙镁磷肥为迟效肥，在土壤中移动性差，又极易被土壤固定，应全部做基肥，并集中沟施。尿素易烧根，又容易流失，只能少量（每667平方米一般用5千克）做基肥。钾肥也很容易流失，而且辣椒结果期大量吸收钾，钾肥可促进果实膨大，所以钾肥主要在结果期做追肥用。复合肥多用做基肥，若是地膜覆盖栽培，总量的80%以上做基肥；不盖地膜的保肥性好的黏性土50%～60%做基肥，漏肥的沙性土30%～40%做基肥。

除氮、磷、钾外，辣椒还需要多种营养元素。农家有机肥养分完全，还可以改良土壤，所以种辣椒施用农家肥好。没有农家肥的，可以买生物有机肥，它所含的活性菌有固氮、解磷、解钾作用，可把空气中的游离氮固定于土壤中，把土壤中作物不能利用的磷、钾转化为可利用态，肥效高，无污染，施用后作物病虫害减少，产量和品质提高。如果完全用化肥种辣椒，除常规施肥外，还需叶面喷施，主要补充辣椒所需的硼、锌、铁、铜等微量元素。

21. 保护地辣椒浇水时应注意哪些问题？

辣椒根系较浅，不耐涝，又怕旱，生产中要做到合理浇水，应注意以下几点。

(1)**浇水看墒情** 有不少菜农浇水按天数计算，要改为看墒情浇，浇水前要看土地干湿，确定是否需要浇水。如土壤手握成团落地散开应浇水，落地不散开暂不浇水。

(2)**浇水看需要** 不同品种在不同生长发育期需水不同，要区别对待。不能看到别人浇水自己就盲目跟着浇。

(3)**水量要适当** 水的比热大，冬季浇水过量容易降低地温，也会使土壤适应性变差，使辣椒受害，如难缓苗、沤根、长势差、产量低。可以隔行浇，浇小水，适量浇水。

(4)**冬浇热，夏浇凉** 冬天浇水要选好天气，在温度较高时浇水，浇水后要提高棚温，借以恢复地温。夏天温度高，要在清晨或傍晚浇水，使地温不产生大的波动，有利于辣椒的生长发育。

(5)**以水带肥** 追肥后要立即浇水，以溶解肥料宜于作物吸收，否则烧根、烧苗、肥效不能正常发挥。

(6)**浇水太懒，脐腐明显** 辣椒幼果期失水干旱或控水过度，都会引起脐腐病，造成烂果，所以幼果期水要跟上。如果怕浇早了旺棵子，可单株浇一瓢水或小浇水的办法，勿使过干，这样能防脐腐病的发生。

(7)**浇水太勤，容易沤根** 毛细根变黄甚至烂根。要控制浇水次数过多的做法，冬季尤其如此。

(8)**水大水凉，心叶发黄** 水量太大，势必造成土壤中水分过多，空隙度变低，空气少，根窒息。毛细根受伤后，合成的生长素减少，吸收的微量元素锌、铁减少，造成叶黄甚至停长。

水温低，伤害根系，叶黄也属必然。严重时地上部萎蔫。

(9)**水少干旱，花果落半** 不能及时供水，苗老化难高产。成株花果脱落，产生诸多生理病害。

(10)**水多促旺长** 水多肥多在温度较高的春秋季节，辣椒易发生旺长。即营养生长过强，会造成落花落果，果长得慢，甚至光长棵不结果。所以应控水、控氮，降低棚温，扩大温差。旺长的可以喷用矮壮素、助壮素解决。

(11)**水前先防病** 冬季棚室往往因湿度大造成病害多，如果浇水前不进行防治，灰霉病等很可能会暴发成灾。所以在浇水前喷药防病是很重要的。

(12)**水后要提温** 如果水温太低，尤其是在冬天寒冷的阶段，浇水后使地温下降，根系受到伤害，轻则生长停止、叶发黄、植株衰弱，重则烂根死棵。所以要选晴好天浇水，避开浇水后遇上连阴天气。浇水后的几天内，把棚温提高到30℃以上，借棚温提地温，减轻根系受害。

(13)**水后划锄好** 水后划锄既保墒又能避免水大黄叶，减轻水大危害。

(14)**不用白水浇** 配合浇水按不同时期辣椒的需要，应施用部分肥料，力求做到少量多次，避免一次用得太多。

(15)**滴灌质量高** 浇水用滴灌的方式，可以避免普通浇水的很多弊端。膜下滴灌不增加棚内湿度，用少量大棚内池中水滴灌，水温度高，滴灌以后地温不受影响，不但有利于防寒，而且不会引发生理病害，并可避免浇水对根部病害的传播。

22. 冬季辣椒怎样合理供应水肥？

冬季阴雨低温天气多，气温和光照变化大，要根据作物的生长规律施肥和浇水。并结合其他因素综合考虑，做到科学合理地供水供肥。

(1)按作物的需肥需水规律运用 辣椒在初花期以前，应以控水控肥为主。初花期是水肥临界期，是作物营养生长向生殖生长转化的关键阶段，这时需要的水肥总量虽然不多，但十分敏感，一旦缺乏，极易造成落花落果，对作物前期的产量影响很大。初果期以前，如遇干旱缺水，应以浇小水为宜，即选择晴好天隔行浇水，如基肥施得充足，可浇清水，浇水时也以控为主，尽量少浇。初花初果期冲施肥料要少而精，可冲施生物有机肥或氨基酸有机肥，每667平方米施20～30千克为宜；也可冲施硫酸钾型复合肥，每667平方米施15千克左右；如处在深冬低温阶段，可溶解后冲施勇壮550高效肥，每667平方米施4～5千克即可，其低温吸收效果优于一般化学肥料。

盛果期是作物从营养生长转向生殖生长的阶段，如甜椒对椒有2/3坐果后，此期植株需要充足的肥水供应，切不可为了控制徒长而控水控肥，可结合浇水每667平方米冲施有机复合肥25～50千克，或氮磷钾复合肥25千克左右。

(2)根据土壤墒情、天气情况运用 当棚内气温和地温较高时，尤其处在盛果期，果实生长量大，需要大量的水分和养分供应，加之叶片蒸腾，易造成植株的水肥供应不足，这时就要及时浇水施肥。在冬季，当连续晴好天气两天以上，棚内最低气温在12℃以上时，就应抓住有利时机浇水施肥。当寒流来袭，气温骤降，或遇连续阴雪天气时，追肥和浇水应停止，并根据天气变化，等待冷尾暖头到来时进行水肥管理。黏质土壤保水保肥能力强，肥水施用上宜缓宜少，冬天水多嫩叶易黄；沙质土壤保水保肥能力差，肥水施用上宜多宜勤；沙浆土漏水漏肥，应随时进行补充。有机质含量高的土壤，水肥的施用宜少宜缓，反之应勤浇多施。地下水位高、地温低的土壤应控制浇水量和浇水次数，反之应增加施用量。发生次生盐碱化的土壤，应尽量增施有机肥，减少化肥施用；对鸡、鸭粪施用过多，呈现酸化的土壤，可使用石灰水中和土壤酸性，并适量施用钾素化肥。

查看盛果期的土壤含水量办法是：地表面略干，5 厘米以下表土用手握能成团，掉在地上不散开为适宜，否则就是含水量不足，就应考虑及时补充水分。

(3)根据作物的长相、长势运用　当作物缺少肥水供应时，植株通过外观长相能显现出来。当土壤干旱，植株最直接的表现是叶片萎蔫下垂，但有时在不缺水时，植株也会出现急性萎蔫，这是因为一是放风过大过猛，光照强，水分蒸发快；二是水温低，毛细根受伤，吸收能力减弱。作物有时在不萎蔫的状态下，已经到了缺水的临界期，这时的表现为生长速度减慢。节间变粗短，叶色呈墨绿色变小变厚（正常叶色为翠绿油亮色），果实暗绿色，膨果慢，落花落果开始增加。目前保护地辣椒、甜椒出现类似的情况较多，作物盛果期缺水缺肥也能导致下部叶片发黄，其原因是土壤水分不足，底部叶片的水分和养分优先供应了果实和上部叶片的生长，营养中心的转移使下部叶片养分匮乏，叶绿素减少而发黄。

23. 棚室应用滴灌有哪些好处？安装软管滴灌时应注意什么事项？

(1)应用滴灌供水的好处　①有利于降低湿度、保持地温。保护地浇水时，由于是局部湿润作物，所以不会形成大水漫灌时的地表径流，从而可以降低棚内的湿度。同时由于用滴灌浇水，是在相同的时间里把水分均匀地输送到作物的根部，不会影响地温的变化，可有效地保持地温。②降低病虫害发生、减少用药量。棚室内的多种病害主要是由于湿度过大引起的，使用滴灌可降低棚内湿度，因而也就降低了病害的发生概率，减少了病害发生的条件，从而减少了用药量。③提高肥料利用率，降低施肥量。保护地使用滴灌可以直接把作物所需要的肥料随水均匀地输送到植株的根部，因而不会造成大水漫灌导致的水肥不均，浪费肥料。使用滴灌可以节省肥料50%左右。④防止土传病害的传播。使用滴灌浇水是局部湿润辣椒根部，土壤中的病菌不会随水传播，可较好地控制病害的发生。⑤提高产量，提早成熟。棚室内应用滴灌可以为植株生长创造适宜的环境，促进作物正常的生长发育及新陈代谢，减少因用水不当而造成生长缓慢或徒长等现象。从而在一定程度上使作物早熟，提高了产量。⑥活化土壤、增强土壤的通透性。传统的大水漫灌会造成土壤板结，通透性差，水分过分饱和，从而使根系处于一种缺氧状态，造成沤根或伤根现象，而使用滴灌则不会出现这种状况。⑦省工省力，提高工作效率。使用滴灌，操作简单，只需打开阀门，合上电闸，无须人工在棚内改畦浇灌，这样可以在浇灌的同时从事其他农事活动，只需掌握浇灌的时间即可。

(2)应用滴灌应注意的事项　①安装滴灌系统，保证每一段主管的控制面积基本不超过333平方米。同时与各软管接触的地面平整，保证水流通畅。②滴灌带中的孔通常向上铺设，并覆盖地膜后使用，若不用地膜覆盖，可将滴灌带孔向下铺设。③使用干净的水源，水中不能有大于0.8毫米的悬浮物，否则要加上网式过滤器净化水质。用自来水和井水时通常不用过滤。④在安装和田间操作时，谨防划伤、戳破滴灌带或主管。⑤施肥后应继续灌一段时间清水，以防化学物质在孔口积累堵塞孔口。⑥为防止泥沙等杂质在管内积累而造成堵塞，逐一放开滴灌带和主管的尾部，加大流量冲洗。⑦换茬时，将设备拆除后妥善保存在阴凉处。

24. 辣椒早春盛果期怎样进行肥水管理？

早春以后，阴冷天气减少，气温回升，光照增加，这一时期应根据气候特点和作物自身的生长发育规律来进行管理，为优质高产奠定基础。

2～3 月份，日光温室辣椒正处于盛果期，生殖生长大于营养生长，肥水需要量占作物整个生育期总需要量的 50%以上，这时的肥水供应对于作物的产量影响最显著。随着气温和地温的回升，根系的生长和吸收能力增强。因此，早春温室辣椒管理的主攻方向应是增加肥水供应，提高坐果率，促进果实膨大，预防植株早衰。

(1)**适量追肥浇水**　每次追肥数量根据土壤墒情和植株长势而定，要以腐熟的豆饼肥和人、畜粪肥为主，配施三元复合肥，一般每 10～15 天追 1 次肥，以水带肥。可每 667 平方米冲施腐熟的饼肥水 250 千克或畜禽粪肥 500 千克左右，并配施硫酸钾型复合肥 10～15 千克，每冲施 1 次复合肥，间隔施 1 次尿素。

(2)**把握有利时机**　追肥浇水要选择晴好天上午进行，在揭开草帘子 1 小时后开始，浇水后要立即通风排湿，因为此期也是病害的严重发生期，温度高、湿度大有利于多种病害的发生。如果遇到连阴天或冷空气，要提前 2～3 天或抓住冷尾暖头浇水施肥，切忌在连阴天进行。

(3)**增加根外追肥**　在追肥的基础上，有条件的适当补施二氧化碳气肥。结合病害的防治，可叶面喷施磷酸二氢钾或腐殖酸类肥或微量元素叶面肥，每隔 7～10 天喷 1 次，连喷 2～3 次，可取得事半功倍的效果。

4 月份以后，天气进入转暖阶段，肥水的使用量和使用频率应加大。由于植株蒸腾量和土壤蒸发量增加，浇水量也要相应增多，间隔期要缩短。同时搞好植株调整，及时落秧和打去底部老叶、病叶，改善群体通风透光条件，通过肥水管理和配套技术措施，延长结果期，预防早衰，取得高产。

25. 冬季保护地辣椒怎样合理通风？

(1)**通风的作用** ①降温。不论是越冬茬还是冬春茬辣椒栽培，晴天中午时分棚室内气温如高达 40℃以上，这时植株体内多种合成分解酶、辅酶失去活性，作物代谢作用、光合作用停止，无干物质生成。时间过长植物局部会受到热害，时间再长会导致整株死亡。因此需要通风来降低棚室内的温度，将其控制在作物最适宜生长的温度内，一般应控制在 24℃～30℃。②排湿。冬天温度低，棚室内相对湿度增加，作物表面易结露。从后半夜至早晨揭帘子前空气相对湿度有时可达 100%。棚室覆盖膜表面水珠凝结下滴以及室内产生雾气等，常使作物叶面太湿，易发生多种病害，因此应及时通风排湿。③调节棚室内气体平衡。农药分解出有害气体，粪肥释放氨气，质量不好的地膜、棚膜会释放出有害气体等，这些有害气体都会危害作物，应及时排出棚室，使新鲜空气进入棚室。同时通风能及时补充棚内二氧化碳，有利于作物的光合作用。揭帘后蔬菜见光 1 小时，棚内二氧化碳消耗已达到补偿点以下，所以及时通风是非常重要的。

(2)**通风的方式** 在冬季，通风主要是靠通顶风来完成的。有经验的菜农通常1天通2次风或1天通3次风，以排出棚内湿气和有害气体，给棚内补充二氧化碳和降温。

(3)通风的具体方法　不同的天气情况通风方法有差异：①晴天主要是控制温度。白天，上午温度达到20℃时，开始通风；下午温度降到20℃左右时通小风，温度降为18℃左右时关闭通风口。傍晚到上半夜是作物养分转化和运输的主要时期，此时温度以20℃～18℃最为适宜。下半夜植物呼吸作用加强，养分消耗较多，温度控制在15℃～13℃，以减少呼吸作用的营养消耗。②阴天主要是在保温的情况下控制湿度。在气温不低于13℃时早晨通风半小时，中午较热时通风1～2小时，傍晚通风半小时左右，之后盖帘子。③雨雪天或大风降温天，可在中午12时左右适当通小风半小时，达到既交换了气体又使气温不陡然下降。千万注意不能只顾保温而忽视二氧化碳的补充而影响光合作用。

26. 保护地辣椒怎样施用二氧化碳气肥？

保护地内二氧化碳的含量随着作物的生长和天气的变化而变化。夜间通过呼吸作用排出二氧化碳，加上土壤中有机物分解释放出的二氧化碳，使得棚内二氧化碳的含量相对增大。多数棚内冬季晚上的二氧化碳浓度可达到1000毫升/立方米左右，是空气中二氧化碳浓度的3～4倍。早晨太阳出来后，作物进行光合作用，消耗二氧化碳，这时棚内的二氧化碳的消耗大于补充，使得棚内二氧化碳浓度降低，到揭开草苫1小时后就降至二氧化碳补偿点以下。当棚内二氧化碳含量低到一定程度时，辣椒光合作用受阻或停止，以至影响辣椒的光合产物的生成和积累。大气中二氧化碳的浓度通常为300毫升/立方米。在春、夏、秋季，可通过通风换气，补充棚室二氧化碳的浓度，但在严冬进行通风，会导致棚内温度下降，甚至会使辣椒遭受冻害。所以在棚室密闭条件下，常导致二氧化碳缺乏，人工补充二氧化碳是增加棚内辣椒光合产物，从而增加产量的有效方法。

(1)**棚内人工施用二氧化碳的时间** 冬季棚内施用二氧化碳的时间应根据作物开始光合活动的光照强度确定，一般当光照强度达到 1 500 勒时，光合强度增加，棚内二氧化碳浓度下降，这时为施用二氧化碳的时间，也就是在晴天日出后 30 分钟为开始施用二氧化碳的时间较适当。如果棚内施入了大量的有机肥，可将二氧化碳的施用时间推迟至日出后 1 小时。

停止施用二氧化碳的时间应依据温度管理而定。一般在通风换气前 30 分钟停止施用。春、秋季节外界气温较高，保护地通风时间早且长，施用二氧化碳的时间较短，一般为 2～3 小时即可；冬季外界气温较低，保护地通风时间晚且短，施用二氧化碳等时间较长，一般为 3～4 小时。

(2)**二氧化碳的施用方法** 在保护地辣椒栽培中，施用二氧化碳的方法主要有 3 种：①施液体二氧化碳，即将纯二氧化碳装在金属罐内，使之成为液体状态。使用时将金属罐放在大棚内的入口处，液态的二氧化碳经过装在瓶口处的减压阀减压后，送入架在棚内中立柱上东西拉紧钢丝上的塑料管中。在塑料管上打放气孔，孔口朝斜上方，使气流经顶部塑料薄膜反射下沉到作物上。②施二氧化碳固定颗粒气肥，可直接将其撒施于地面或埋入地表层，吸水后释放出二氧化碳气体。一般每 667 平方米施二氧化碳固体颗粒气肥 10 千克，有效期可达40～50 天。③施用化学反应发生剂，主要是利用硫酸与碳酸氢铵进行化学反应的方法，产生二氧化碳。稀硫酸的制备：取3份水放入缸内，将1份工业硫酸缓缓加入水中并不断搅拌。用法：在棚中每隔50平方米，于畦埂上放置1个塑料瓶或罐头瓶，内盛1/3配好的稀硫酸，用塑料袋把等量的碳酸氢铵装好并扎口，塑料袋上扎2～3个小孔，然后把装好碳酸氢铵的塑料袋放入装有稀硫酸的容器中，通过二者发生的反应即可产生二氧化碳气体。

27. 怎样有效地预防棚室湿度过大？

(1)**高湿的危害**　高湿高温易使植株徒长，高湿低温又易诱发沤根，造成植株死亡。高温时，非无滴膜内表面密布水滴，既降低棚膜的透光率，又容易使蔬菜植株表面形成雾水或水珠，给多种病害的发生及蔓延创造了条件。

(2)**引起高湿的原因**　①棚室内地下水位较高。②棚室内灌水（畦灌或沟灌）量过大或灌水次数过多，通风不及时。③浇水后遇连阴雨天，或在阴雨天下午或傍晚浇水。④棚室内气温下降。如棚室内湿度在夜间较高，相对湿度最大值常在揭开草苫后十几分钟内（此时棚室温度最低）出现。⑤冬季大棚膜下凝结的水滴顺膜而下，造成棚前边的土壤过湿，也增加了大棚湿度。

(3)**预防棚内高湿的措施**　①加强保温增光措施。棚室内气温每升高1℃，则空气中的相对湿度下降3%～5%。应根据不同辣椒品种不同生长期对温度的要求，采取相应保温和增加光照的措施，防止棚室内气温下降。如每天早晨用干布擦除棚膜内表面附着的水滴，不但能增加透光率，提高棚温，还能降低棚室内的空气湿度。另外，若棚外气温太低，棚室内出现低温高湿时，可采取临时辅助加温措施来提高棚温，使棚室内空气相对湿度降低，并防止植株叶面结露。②合理浇水。浇水的次数和每次的浇水量，须看天、看地、看蔬菜种类、生长期及长相而定，一般应浇小水或隔沟轮浇，切忌大水浇灌或漫灌。辣椒一般浇足定植水和缓苗水、保证结果期供水充足即可，其他时期一般无须浇水。在棚室内温度较低，特别是不能通风通气时，应尽量控制浇水，更禁止畦灌。浇水宜在晴天10～12时进行，并配合通风排湿，不可在下午、阴天及雨雪天浇水，并应避免浇水后出现连阴雨天。有条件时，可采用膜下沟灌或滴灌，以减少灌水量和蒸发量。③加强通风管理。通风是排湿的主要措施，一般应在中午前后气温高时进行，以通顶风为主，不能通底脚风，以防棚室温度过低和“扫地风”伤苗。在严冬和早春，不宜通早风排湿。高温季节要早通风，大通风，晚闭风，即使阴天也要在中午室外温度高时进行短时间的通风。如果棚室内湿度居高不下，而气温又在作物生长适温下限以上，应逐渐加大通风量，力争使空气湿度尽快降下来。通风应以作物不遭受冷害为前提。④覆盖栽培。畦面和棚前的湿土采用地膜覆盖，防止土壤水分向棚室内蒸发，可以明显地降低空气湿度，且能保证土壤湿润，提高地温。畦间走道或垄间铺些麦秸、稻草(垄作最好采用全地面地膜覆盖)，既可防止土壤水分蒸发，又可吸收空气中水分，从而降低空气湿度。在育苗和定植初期用无纺布扣小拱棚或在植株表面覆盖无纺布，不仅具有透光、保温作用，而且具有透气、吸湿功能。⑤改变用药方式。在棚室内，宜选用粉尘剂或烟剂防止病虫害。若用喷雾法防治，须在晴天上午进行，然后结合通风排湿。⑥其他措施。扣棚膜前，若雨水过多，可预先用旧膜覆盖地面，防止雨水过多地渗入地下。所用棚膜，可根据实际条件，选用无滴膜。当土壤湿度较高时，应控制浇水，及时中耕松土，配合通风排湿，以降低土壤湿度。

28. 冬春季如何增强温室内光照?

光照是作物进行光合作用的必要条件,在光照时数少、光照强度低的季节,如何增强保护地光照,对提高辣椒产量和品质至关重要。

(1)**合理种植安排** 温室内种植辣椒时,密度要合理,力求株间不郁闭,通风透光好,并遵循北高南低的原则,使植株高矮错落有序,减少株间相互遮荫。移栽定植时,力求秧苗大小一致,只有植株生长整齐,才能减少株间遮光。要以南北做畦定植,更好地接受光照。

(2)**经常清洁薄膜** 棚膜上的水滴、尘土等污物,会使透光率下降30%左右。新棚膜在使用10～15天后棚内光照将减弱25%～28%,因此要经常清扫、冲洗棚面尘埃、污物和水滴,保持棚面洁净,以增加棚膜的透光率。下雪天还应及时扫除积雪。

(3)**选用无滴薄膜** 无滴薄膜在生产的配方中加入了几种表面活性剂,使水分子与膜面的亲和力大大减弱,水滴易沿薄膜流失而保持膜面无水滴。选用无滴薄膜扣棚,可增加棚内的光照强度。无滴薄膜的品牌很多,应选用无滴性能好、耐拉强度高、抗老化等综合性能好的薄膜。目前生产实践中质量较好的薄膜有泰光牌、燕子牌、清田牌、兰花牌等。秋延迟和早春栽培辣椒,宜选用半无滴薄膜;越冬茬栽培辣椒,应选用全无滴高温膜。

(4)**控制揭帘时间** 在做好保温工作的前提下,适当提早揭取草帘和延迟盖帘,即早揭晚盖,可以延迟光照时间。一般太阳出来0.5～1小时后揭帘,太阳落山前半小时再盖帘。在阴雨连绵的天气时,也要适当揭帘,以充分利用散射光,弥补光照的不足。有条件的，可使用电动卷帘机，这样可缩短揭盖草帘的时间，相对延长棚室内的光照时间。

(5)**设置反光幕或增光设施** 把宽2米、长3米的镀铝反光幕挂在棚室内侧北墙，使之垂直地面，可使大棚增光10%左右，棚温增高1℃～2℃。另外，在地面铺设银灰色的地膜，也能增加植株底部的光照强度。设施增光，即在棚室内安装专用灯具，如碘钨灯、高压汞灯、植物钠灯等，以补充光照的不足，在连阴天气下，增产效果显著。

(6)**及时搞好植株调整** 及时进行整枝、打杈、打老叶等田间管理工作，有利于改善植株间通风透光条件，从而提高采光量。特别是在辣椒生产中要重视两个问题：一是疏果势在必行。门椒和对椒在不旺长的情况下，一般不保留。稠密果、畸形果要及时摘除，以达到均衡协调上下部的结果，使营养物质分配更加合理，可提高产量和品质。二是重视植株整形。保护地高肥水栽培甜椒一般应留3～4个果枝，其他侧枝应及时去掉。通过剪枝、整枝，避免形成田间郁闭和通风透光不良而导致落花落果，影响果实的产量和品质。

29. 甜椒栽培怎样进行植株调整才能实现高产？

(1)**吊枝** 吊枝时，可在后立柱上距地面2～2.2米处东西向固定1根10号铁丝，在前立柱近顶端东西向也固定1根10号铁丝，再按栽培行方向(南北向)每行固定1根16～18号铁丝，两端分别系在前、后立柱的铁丝上。吊枝应在植株长至20厘米高时进行，用聚丙烯塑料绳下部拴在植株茎上，上部系在顺南北栽培行扯的铁丝上，如果每株3～4个果枝，应扯3～4条吊绳，每个果枝扯1条，主要防止果枝折断和植株倒伏。无限生长型甜椒吊绳应扯高2米左右，矮生型甜椒扯高1.5米左右。亦可用细竹竿南北向插架。

(2)整枝　整枝主要有2杈整枝、2+1整枝、2+2整枝、3+1整枝、4秆整枝等5种方式。①2杈整枝。去掉门椒后，植株仅保留2个长势旺盛的侧枝，在每个分枝处均保留1个果实，其余长势相对较弱的侧枝和次一级侧枝全部去掉。这种整枝方式适宜长期高架栽培或高温季节栽培采用，而且只能在那些长势很旺盛、坐果率高的品种如紫晶、橙水晶等上应用。②2+1整枝。与2杈整枝相似，不同点是在第一节分杈时，保留1个坐住果的侧枝，并在果实上部保留2～4片叶后掐尖。以后随着植株不断分杈，需要不断进行打杈，始终保持整个植株留有2个主要侧枝不断向上生长。此法比2杈整枝多留1个坐住果的侧枝，可稍微提高前期产量，并能适应长期高架栽培，如秋冬茬日光温室栽培和一年一大茬日光温室周年栽培等。③2+2整枝。去掉门椒后，当对椒坐住时，在对椒上面保留2个长势健壮的主要侧枝，其余2个相对较弱的次一级侧枝在坐住的果实上部留2～4片叶掐尖。以后不断进行打杈，始终保持整个植株留有2个枝条不断向上生长。这种整枝方式前期产量很高，但是中期果实会受到影响。比较适合栽培期短、要求前期产量较高的栽培方式，如冬春茬日光温室、春大棚栽培、秋大棚栽培和秋冬茬日光温室栽培等。④3+1整枝。去掉门椒后，当对椒坐住时，保留3个长势健壮的主要侧枝，另外1个侧枝保留1个果实，果实上部留2～4片叶掐尖。以后及时去除侧枝，始终保留整株留3个主枝不断向上生长。此种整枝方式单株结果数较多，但如果水肥管理跟不上，则容易出现果实偏小和畸形果。因此，生产上如果采用此方法必须严格水肥管理，以保证果实正常膨大和着色均匀。此种整枝方式比较适用于温、湿度适宜的季节，如春大棚、秋冬茬日光温室以及秋大棚栽培等。⑤4 秆整枝。去掉门椒后，对椒上面保留 4 个健壮枝条，使其不断生长，其余次一级侧枝均掐掉。这种方式比 3+1 整枝留果更多，更容易出现畸形果和小果。所以采用这种整枝方式的水肥管理一定要跟上，一般在温度较高的季节采用这种方式比较合适，如秋大棚栽培。

(3)**疏果** 甜椒越冬生长因地温、气温偏低，生长势减弱。大部分种植户为提早上市，担心植株旺长，门椒、对椒一起保留，加上四门斗椒成簇抱团，营养物质过度供应下部果实，导致中上部坐不住果，果形不周正，严重影响了中后期果实的产量和品质。针对这一问题，种植户应引起高度重视，应对门椒坚决摘除，对椒摘去或保留 1 个，四门斗椒保持 4～6 个，疏果时先疏扁平果、畸形果、虫果、伤病果，以达到均衡协调植株上下部的结果，使营养物质合理分配，从而提高产量和品质。

另外，植株保留畸形果实是普遍存在的问题，这样做只能消耗养分而生产残次品。要坚决克服这一不良习惯，有畸形果则摘除，只会有利而无害。

(4)**存在的问题** 目前生产上多数棚室存在不剪枝或少剪枝，不整形，靠自然生长多保留结果枝的栽培方式，导致下部空间不能充分利用，生长中期即形成田间郁闭，发生落花落果。笔者通过考察荷兰的甜椒生产发现，甜椒采用双主秆整枝，一株只保留 2 个主枝，其余的侧枝全部剪掉，单株保留 60 个果，株高达到 4 米高，果形周正，商品性好，每 667 平方米产量可达到 30 000 千克以上。此法虽不宜照抄照搬，但可供菜农在植株整形中参考。寿光先正大公司和高科技示范园的部分棚室，几年来采取双干整枝方法，增产效果非常突出。从生产的实际情况来看，大部分地区的棚室普遍较矮，不适合于双干整枝，但采取 3～4 秆整枝是科学合理的，当前甜椒留枝过多的问题应尽快解决。

30. 保护地辣椒栽培怎样保花保果？

保护地内高温、高湿的状况往往是造成辣椒落花落果的主要原因，因此棚栽辣椒花期要适当增大通风量，降低湿度。控制温度，白天温度以 16℃～23℃、夜晚以 15℃～17℃为宜。此外，可以人为采取措施用植物生长调节剂蘸花或喷施，对棚室内辣椒生长期间保花保果有重要作用。利用 40～45 毫克/千克生长素番茄灵（防落素）溶液，用手持喷雾器喷花，可提高坐果率。或用 15～20 毫克/千克 2，4-D 溶液抹花。为防止重复蘸液，可在 2，4-D 水溶液中加入少量食品红做标志。2，4-D 溶液抹花最好在 10 时前进行，时间太晚效果不好。用于植株叶面喷洒的生长调节剂有：定植后喷植物多效生长素 3 000～4 000 倍液，开花期喷矮壮素 4 000～5 000 倍液，开花前后喷 30～50 毫克/千克增产灵溶液或辣椒灵 6 000～8 000 倍液，共喷 3 次。

31. 彩椒深冬上市栽培应注意哪些问题？

（1）**选用良种**　彩椒应选国外品种，这些品种的植株高大，抗寒、抗病、抗病毒能力强。可选以下优良品种：橘西亚（荷兰），方形果，果实由绿转橘黄色，最抗病毒病；黄欧宝（荷兰），方形果，果实由绿转黄，抗冷，耐低温，耐阴，在低温下坐果率高；麦考比（以色列），长形果，果实由绿转红，早熟（指转色早）；白公主（荷兰），方形果，幼果为白色，成果为金黄色，生长势弱，抗寒力中等；紫贵人（荷兰），方形果，果小，成果为紫色，植株紧凑，但不高大，抗病性中等。

(2)恰当的育苗期　彩椒要想在春节前10天大量上市，需要转色的在7月1～10日育苗，8月中下旬移栽，可选用橘西亚、黄欧宝、麦考比；果实不需转色的，7月底至8月上旬育苗，9月中下旬移栽，可选用白公主、紫贵人。

(3)合适的株行距　彩椒植株高大的，密度应小，如麦考比、黄欧宝、橘西亚3个品种，每667平方米栽植2200株，大行距70厘米，小行距50厘米；生长势弱的，如白公主和紫贵人，每667平方米栽植2800株，大行距70厘米，小行距50厘米，株距40厘米。有滴灌设备的可采用小高畦栽培法，无滴灌的采用双高畦栽培法，在冬天进行膜下暗灌。

(4)适时适量　留第一茬果，主要是在春节前10天上市，麦考比、黄欧宝、橘西亚3个品种，每株可一次留果4～6个，紫贵人、白公主可留6～8个。往后的几茬果，可根据植株的长势和市场行情灵活掌握，注意不要留果太多，留果过多果实长不大。

(5)温度指标及灵活应用　深冬前(即12月下旬前)，以调温壮秧为主，草苫揭盖以温度为依据，白天保持25℃～30℃，夜间15℃～17℃。深冬期间(12月下旬至翌年2月上旬)是年内温度最低的季节，以保温为主，白天中午达到35℃时可短暂通风，以白天的积温来提高夜间温度；夜间最低温度要保持在10℃以上，可加厚覆盖物，雨天在草苫上盖薄膜。深冬后(2月中旬后)，气温回升，按白天适温为25℃～30℃、夜间适温为15℃～18℃管理，逐渐加大通风量。

(6)尽最大力量降低湿度　降低湿度首先要控制地表的水分蒸发，深冬要控制浇水。若确实干旱，一定要浇水，即使滴灌，一次也不可滴得过多，以免湿度过大；走道的地面可用地膜覆盖，或用草木灰、干草(要灭菌)覆盖。

(7)**肥水管理要点** 基肥充足时，在门椒坐住后进行第一次追肥，每667平方米冲施尿素15千克，磷酸二氢钾10千克，对椒坐住后，再追1次肥。彩椒采收盛期，可每采收一层果实追1次肥并浇水，每667平方米追肥量为磷酸铵15千克。在水分管理上，深冬季节要控制浇水；2月中旬以后，气温升高，植株蒸腾量大，可增加浇水次数。

32. 冬春季节特殊天气怎样提高室温和增强光照？

(1)**室外保温增光方法** 遇到特殊的低温天气，温度降低剧烈时，在室外增加保温措施，防止热量过分散失和冷空气的侵入。一是设防风障。在温室的迎风面用玉米、高粱秸秆做风障。二是挖防寒沟。土壤温度传递水平方向快于垂直方向，所以在棚室的四周（或前部）挖0.5米宽、0.5米深的防寒沟，填满炉灰渣或米糠或稻壳后覆盖严，可防止棚室内土壤热量向外扩散，能提高地温4℃左右，这是冬季最重要的防寒措施。三是雨雪天气前，在草苫上盖好保护膜，防湿保温。四是及时揭开覆盖物，争取较长的光照时间。只要温度没问题，阴天也要揭开覆盖物，利用散射光增温。不少菜农在阴冷天气整日甚至连续数日不揭覆盖物，这样会使秧苗生长衰弱，待天气回暖后，揭苫见光时，易造成萎蔫死亡。阴冷天气还可以使用强力光合灵来调节植物的生长，并经常清除膜上的水滴、尘土以及积雪，以增加透光量。

(2)**室内保温增光方法** 一是设两层膜。在严寒冬季，温室内加设两层薄膜，在温室膜下面拉上长铁丝搭上薄膜，夜间把薄膜从两侧展平遮满棚顶，早晨再把薄膜拉向两侧。二是挂反光幕。在温室北墙上张挂反光幕，不仅可使室温提高2℃～3℃，还可增加棚内光照强度。三是人工补光。用植物专用钠灯、高压汞灯、弧氙气灯补充光照。冬季补光应在日出后进行，每天补 2～3 小时，待室内的光照度增强后停止。阴雨天全天可补光。

(3)**大风天气的保温** 白天把透光覆盖物固定好，不使其被风吹跑，夜间要盖严、盖好。否则一旦被风刮掉，秧苗极易受冻。中后期要避免冷风从底角直接吹入，以免损伤幼苗。

(4)**降雪天气的保温** 白天降雪，要盖好草苫，上加保护膜；雪停后立即清除积雪，翌日晨雪停后及时扫雪，保持草苫等覆盖物干燥，并及时揭去覆盖物，使秧苗见光。连阴雪天骤晴，可用分批揭苫的方法揭去覆盖物，揭后要注意观察秧苗的变化，发现萎蔫立即把草苫盖好，恢复后再逐渐揭开。如此反复，经 2～3 天即可转入正常管理。

(5)**降雨天气的保温** 白天降雨，及时揭去覆盖物，防止草苫等棚室覆盖物被雨水淋湿，影响保温效果，但不能使雨水淋入田畦内植株上；夜间降雨，雨后抓紧把覆盖物晒干。连阴雨天转晴后，实行逐步揭开覆盖物的方式，避免高温陡升，蒸发量加大，导致植株失水萎蔫(闪苗)。

33. 连阴雨天气怎样管理温室辣椒？

秋末气候变化大，常有阴雨连绵天气，引起温室辣椒徒长旺棵，病害加重，导致减产。遇上这种灾害性天气，在管理上要区别于常规管理。

(1)**拉起草帘，增加光照** 阴雨天的散射光对植株生长十分有利，不能因为阴雨天光线太差，就不揭草帘。辣椒生长的光补偿点为 3 000 勒，连阴雨天气的光照强度大都超过这个指标，只要不是大风降温就要拉起草帘子，增加散射光，促进光合作用的进行，这对于作物正常生长，尤其是花芽分化十分有利。

(2)**改变追肥、浇水方法** 连阴雨天，作物蒸腾作用和呼吸强度减弱，对水肥的需要量相对减少，棚室内空气相当湿度较大，此时冲肥和浇水易导致棚室内空气相对湿度过大，持续时间过长而发生病害；有时因冲施氮肥后通风差，易导致作物氨气中毒。因此，连阴雨天气一般不浇水施肥，最好选晴好天9时以后再浇水施肥。

(3)**在药物防治上以熏为主** 阴雨天空气湿度大，如果继续采用喷雾法防治病害，势必造成湿度更大，为病害的传播蔓延创造有利条件。因此，药物防治上应采用烟熏法或粉尘法，施用百菌清、速克灵、菌核利等烟雾剂、粉尘剂对多种病害的防治效果良好。在连阴雨天气较长的情况下，为了不耽误防治的最佳时机，可用弥雾机进行超微喷雾。

(4)**通风换气，预防徒长** 棚室辣椒正常生长离不开二氧化碳的积累，如果通风换气不够，就会造成二氧化碳气体的匮乏，影响作物产量的提高。特别是连阴雨天气易造成作物叶片发黄，使节间拉长形成徒长。所以在阴雨天要根据实际情况，及时进行通风换气。如果作物已出现徒长倾向，应采取喷施助壮素、多效唑、矮壮素进行调控。在连阴雨天气过后，气温陡升，通风换气时要注意草帘遮放结合，以免因突然拉起草帘造成植株急性萎蔫而影响作物正常生长。

34. 保护地彩椒越夏栽培技术包括哪些关键环节？

利用日光温室和塑料大棚等保护地夏季闲置期，生产越夏彩椒，每667平方米可收获彩椒2 000～2 200千克、青椒750～1 000千克，可获纯收益7 000～8 500元。

(1)**品种选择** 选用优质、抗病、高产的品种，如新蒙德、黄欧宝、黄贵人、富兰明高、方舟、世纪红等。

(2)育苗　①播期。采用塑料大棚生产，1月下旬至2月上中旬播种。用日光温室生产彩椒的播种期视前茬结束时间而定，一般在3月中旬至4月上旬播种。②育苗保护地。在日光温室内阳畦加设小拱棚育苗，温度较低的1～2月份可在夜间小拱棚上加覆盖物，或用酿热温床、电热床育苗。③育苗土配制。选用3年内未种过茄科蔬菜的肥沃园田土与充分腐熟圈粪按2∶1均匀过筛，每立方米加纯氮、五氧化二磷、氧化钾的比例为15∶15∶15三元复合肥1～2千克。床内地面撒一层稻壳或草木灰，再将床土铺入苗床或育苗盘，厚度为10～12厘米。或装入10厘米×10厘米营养钵，要装满按实，摆放在苗床内。育苗土表面再撒一层细药土(50%多菌灵可湿性粉剂与50%福美双可湿性粉剂按1∶1混合，或25%甲霜灵与70%代森锰锌可湿性粉剂按9∶1混合)，按每平方米用药8～10克与15～30千克过筛细土混合，播种时将2/3的量铺在床面，1/3覆在种子上。也可在播前床土浇透水后，用72.2%普力克400～600倍液喷洒苗床，每平方米用2～4升。④播种。将种子放入55℃温水中烫种5～10分钟，水量应为种子量的3～4倍，然后放入10%磷酸三钠溶液浸泡20分钟，捞出后用清水冲洗干净后催芽。催芽方法是：将处理好的种子用湿纱布包好，放在25℃～30℃处催芽。每天用清水冲洗1次，每隔4～6小时翻动1次。4～6天后，有60%种子萌芽时即可播种。播种时浇足底水，水渗后将床面分切成10厘米×10厘米的方块，每块(钵)中间位置平放点播1粒种子，每667平方米用种1 900～2 100粒。播后撒一层药土，再覆盖营养土1～1.2厘米厚，上面再覆盖一层报纸并将其喷湿。⑤苗期管理。在出苗期间，白天苗床温度为28℃～32℃，夜间为 20℃～22℃。齐苗后定植前，白天温度为23℃～28℃，夜间为 18℃～20℃。底水足时，播后 20 天左右不浇水。以后秧苗心叶叶色变暗绿、土壤呈干燥状时可浇小水1～2 次。早晨采用小水洇浇方式浇水。用 50％辛硫磷乳油拌毒饵、毒土撒于床面防治蝼蛄等；长出真叶后，喷施吡虫啉或阿克泰防治蚜虫、潜叶蝇和粉虱等；定植前3～5 天喷 Ns83 耐病毒诱导剂 100 倍液，或在现真叶后喷施病毒灵、病毒 A 等，每周喷 1 次，交替使用。用 40 目的尼龙防虫网将育苗温室通风处全部封严；育苗棚室备好遮阳网，在光照过强、温度偏高时遮光。⑥彩椒壮苗标准。株高 18 厘米，茎粗 0.4 厘米，10～12 片叶，叶色深绿，现蕾，根系发达，无病虫害。

(3)适时定植，合理密植　一是整地与施基肥。按大小行做半高畦，大行距 80 厘米，小行距 40 厘米，畦间距 1.2 米，畦高 10～15 厘米，覆盖地膜。基肥以优质有机肥为主，复合化肥为辅。结合整地每 667 平方米施优质有机肥 3～5 立方米，另外每 667 平方米再加入三元复合肥 50～60 千克、过磷酸钙 30 千克左右，而对老棚区可适当施用生物肥料，以改善土壤。二是安装防护保护设施。①覆盖棚膜。温室与塑料大棚在定植前覆好 0.08～0.1 毫米厚的塑料薄膜，日光温室通风处设在顶部和前下部，塑料大棚通风处设在棚下两侧和棚顶两侧距地面高 2 米处。②设防虫网。用 32～40 目的尼龙防虫网。其设置如下：塑料大棚设防虫网于棚两侧下部，网高 1～1.5 米，另在棚顶两侧各设一道宽 50 厘米的防虫网；日光温室顶部和前下部各设一道防虫网，顶部网宽 1 米，前下部网高 1.5 米，防虫网与棚室同长。门口处同时设网。③设遮阳网。用遮阳率为 50％～60％的遮阳网在午间高温时遮阳降温，遮阳网遮盖棚膜面积 60％～80％，遮阳网于定植前安装好。三是定植。大棚于4月中下旬定植，日光温室于5月下旬至6月上旬定植。株距55～60厘米，大行距80厘米，小行距40厘米，每667平方米栽植1 800～2 000株。定植后及时浇透定根水，覆土以与育苗土坨相平为宜。

(4)定植后管理 一是水肥管理。定植后15天左右暗沟浇水1次，以保证土壤水分含量并防止结果前水分含量不足而影响彩椒生长。将门椒及早打掉，当对椒长到鸡蛋大小时，每667平方米用三元复合肥20～30千克、尿素3～5千克浇水追肥以保证结果期养分供应；结果后每20天追肥1次，每667平方米用10～15千克三元复合肥随水追施；生长期内每20天左右叶面喷施微肥1次。二是整枝。双干整枝留2个主干，每枝所发生2杈分枝留1枝去1枝，保证每株有2个主干向上生长。3干整枝留3个主干，每个主干所发生的分枝留1枝去1枝，保证每株有3个主干向上生长。不论双干整枝还是3干整枝，每枝主干用一条架绳牵引以防止倒伏。三是蘸花保果。彩椒开花后需选用沈农2号蘸花保果，高温时每支(10毫升)加水0.8升，低温时每支加水0.5升。

(5)病虫害防治 彩椒棚室越夏栽培主要病害有猝倒病、晚疫病、早疫病、病毒病、疮痂病等，虫害主要有蚜虫、白粉虱、烟粉虱、棉铃虫、烟青虫等，应按“以预防为主，综合防治”的原则，及早地有针对性地防治。具体防治方法如下：①对床土进行消毒，防止苗床低温高湿，以防止猝倒病。猝倒病发生后喷洒25%瑞毒霉1 000倍液，或64%杀毒矾500倍液，每5～7天喷1次。②定植后防止高温高湿。发现疫病后，每667平方米用45%百菌清烟剂150～200克在傍晚点燃闭棚熏蒸过夜，每7天熏1次。也可用64%杀毒矾500倍液，或10%世高1 500倍液喷雾防治。③结合防治蚜虫、防止高温干旱和种子消毒，以防止病毒病发生。定植后，用83增抗剂100倍液，或1.5%植病灵1000倍液，或20%病毒A可湿性粉剂500倍液喷雾防治。④设置防虫网和黄板以防治蚜虫。用2.5%天王星乳油300倍液，或25%阿克泰水分散粒剂5000倍液防治白粉虱、烟粉虱。用1.8%阿维菌素乳油3000倍液于清晨喷雾防治棉铃虫、烟青虫。⑤定植时用辛硫磷乳油拌毒土、毒饵或毒液施于沟内防治地下害虫。

35. 日光温室冬春茬甜椒栽培包括哪些关键技术环节？

甜椒冬季生产与黄瓜、番茄相比，具较耐弱光的优势条件，但其开花坐果期夜间需要较高的温度又成为冬季甜椒生产的劣势。冬春茬甜椒生产，首批果实要在春节前上市，需保证足够的积温；而育苗期正处在8～9月份高温季节，高温育苗又成为生产上的一大难题，随之又带来病毒病、白粉虱、伏蚜和茶黄螨等病虫害的严重发生。解决好上述各种矛盾，在生产中须抓住如下几个关键环节。

(1)**利用高效节能型日光温室**　采用保温和采光性能良好的日光温室，一般年份棚内最低气温保持在11℃～13℃，遇上冷冬年，棚内最低气温也能保持8℃～10℃。把开花坐果期避开“三九”、“四九”这段低温期，能保证甜椒安全越冬。一般播种期为8月10日，定植期为9月20日，10月20日开花，翌年1月下旬至2月上旬收获。到5月份加盖60%～75%的遮阳网，收获期可延长到9月份。

(2)**采用穴盘育苗技术**　穴盘育苗是目前发达国家专业化生产商品苗的主要方式。采用草炭、蛭石等作为基质材料，其突出的优点是省工、省力、节能、效率高；不易散坨、缓苗快、成活率高；适合远距离运输；有利于规范化科学管理和提高种苗质量;可有计划、有目的地进行优良品种的推广。穴盘育苗具体技术如下:①穴盘选择。夏季育苗苗龄为5～6片叶,选用72孔苗盘较为适宜。如果育苗场地面积较大,选用50孔苗盘更为合适。②基质的准备与配制。选用72孔苗盘,每千盘需要备用基质3.2立方米。草炭与蛭石的比例为3∶2。每立方米基质加入15∶15∶15的氮磷钾三元复合肥2.5千克,或每立方米基质加入1.3千克尿素和1.5千克磷酸二氢钾,充分混匀后装盘。③播种与水分管理。播种深度1厘米,播种后将苗盘喷透水,使基质持水量达到200%;子叶平展到2叶1心时,使基质持水量为70%～75%;3叶1心到成苗基质水分含量为65%～70%。④温度管理。8月中旬正是高温季节,覆盖75%的遮阳网,晴天光照较为适宜,一般在2.5万～3.2万勒。要想将温度控制在26℃～28℃之间比较困难,这就要采取措施,尽量通风降温。可使用微雾降温技术,白天温度可控制在30℃～32℃,夜间尽量多通风,温度控制在18℃以下。育苗期间要使用防虫网、诱蚜板和化学防治的方法,控制伏蚜、白粉虱和茶黄螨为害,同时通过控制高温和药剂防治的方法综合防治病毒病。

(3)**施足基肥、造墒深耕、适期定植、遮光降温** 日光温室冬春茬甜椒要过冷热两关,即育苗的高温关和盛果期的低温关,足墒、足肥加深耕是其重要条件。①足肥。一般掌握单棚要施入腐熟鸡粪15立方米,施肥的原则是以粗肥为主,化学肥料为辅。在6～7月份要使鲜鸡粪充分腐熟并捣3～4遍,9月上旬捣碎过筛后备用。②足墒。8月中下旬,要把温室地面打埝、造墒、大水浇透。9月上旬将鸡粪、化肥施入棚内,深翻40厘米,为使土肥充分混匀,随后再二次深翻40厘米,准备定植。定植期一般为9月15～20日。垄距1.2米,一垄双行，株距0.35米，单棚定植2 200～2 300株。定植后浇透定植水，防止因为垄面不平造成浇水不匀，3～5天内浇缓苗水。原则上掌握浇足水但不能过大，浇透水必须均匀。过5～7天后覆盖地膜保墒。③控温。9月中旬，室内气温可高达50℃以上，光照度为9万～10万勒，此时必须覆盖遮阳网降温，可选用60%～75%的遮阳网。一般光照可控制在3万勒左右，最高气温为30℃～32℃；要昼夜通风，上下风口均留1米宽并覆盖防虫网，室内挂黄板诱虫，主要是控制白粉虱的发生为害。

(4)**定植至坐果期管理的关键措施** ①水是定植至坐果期的关键。从荷兰、以色列、德国、法国等进口的甜椒品种均为大株大果型，一般采取单株定植。从5叶1心定植到结果初期，正是高温、强光季节，棚内气温高、蒸发量大。土壤水分一旦缺乏，就会影响前期发苗。这段时期对幼苗的促控应掌握：宁可幼苗有徒长趋势，也不能使生长受到抑制。如果幼苗生长受到抑制，随之带来的是病毒病的严重发生，开花、坐果前如果感染病毒病，盛果期之前可因病毒病危害造成绝收。因此，土壤相对持水量应掌握在75%～80%。一般浇3次水，即定植水、缓苗水和初果期浇水，以保持营养生长旺盛的势头，前期产量才有保证，也才能避免病毒病的发生。②开花前后要防治好茶黄螨。定植前苗床要防治茶黄螨1～2次，定植后到坐果初期，正是茶黄螨为害最严重的时期。如果防治不及时，受害叶片变硬、变脆、呈现油脂光泽或油浸状，与正常叶相比有明显不同。当叶片背面呈灰褐或黄褐色，叶片边缘向下卷曲，嫩茎、嫩枝、花、蕾变为黄褐色、木质化，顶部平枯时，为害已相当严重。为害严重时会造成大幅度减产或绝收，同时会引起病毒病严重发生。可采用5%卡死克水悬剂

2 500～3 000倍液，或 30%灭幼·哒螨可湿性粉剂 2 000 倍液，或1.8%虫螨光乳油 2 000～3 000 倍液喷雾。喷雾时以叶背面为主，注意喷头朝下喷生长点受害部位。一般 5～7 天喷 1 次，连喷 3 次。如为害严重还可适当缩短喷药间隔期，但浓度不宜过高，以免造成药害。③开花坐果期前后要严格掌握好夜温。开花坐果期的适温是 16℃，低于 13℃只开花不坐果；坐果期温度长期低于 13℃，容易形成畸形果和柿饼子果（无籽果）。开花坐果期正值 10 月下旬，只要适当早放草苫，前半夜达到 17℃～19℃、后半夜达到 14℃～16℃是可以做到的，凌晨短时间气温在 13℃较为适宜。

1 月下旬至 2 月上旬为盛收期，正值"数九寒天"。坐果后到采收阶段，管理的主要内容是尽可能地增温、保温和增加光照。这个季节要每天坚持清扫棚膜上的尘土，适当早放苫保持夜间温度，尽量增加草苫数量提高夜温。在 12 月中下旬浇足膨果水后，一般低温期不浇水。

在此阶段，植株长势应掌握：开花之前营养生长旺盛；门椒、对椒坐住后长到核桃大小时营养生长和生殖生长要基本平衡；果实膨大期出现生殖生长旺盛的长势。春节前收获 70%～80%果实后，要采取打尖、提高夜温等措施，尽可能地防止徒长，使春节后坐果均匀，生长稳健。

36. 日光温室秋冬茬辣椒再生栽培包括哪些技术措施？

日光温室秋冬茬辣椒结果后期易受到长期低温寡照、多湿天气的影响，常常造成植株生长小、形成簇花、开花不结果、形成无籽果等现象，给菜农造成很大损失。近几年来，寿光市农业高科技示范园研究日光温室秋冬茬辣椒再生栽培技术，取得了良好效果。

(1)**生产优势**　主要表现在以下3个方面：①发棵快，结果早。辣椒再生后因不经过苗期，发出的侧枝带有花蕾，直接开花结果，比大椒苗结果要早。②前期结果量大，效益高。春季生产必须前期结果量大、产量高才能效益高，日光温室秋冬茬辣椒再生栽培完全符合春季生产要求。③植株不徒长，易管理。再生辣椒侧枝量大，结果多，生殖生长过盛不易发生徒长。

(2)**再生时间**　一般在2月中下旬至3月上旬，也就是日光温室辣椒春季正常定植时间，如果天气转暖快，地温高，就在2月中下旬进行辣椒再生；如果天气阴冷，地温低，室内温度低于20℃，就在3月上旬进行辣椒再生。

(3)**再生技术**　①适宜品种。日光温室秋冬茬辣椒再生采用的品种应具有耐低温、生长势强的特性。如长剑辣椒、红英达彩椒等。②再生部位。再生部位是在辣椒"四母斗"部以上枝全部剪除，剪口在分枝以上1厘米处，剪口斜向外。③施肥整地。修剪后立即进行施肥整地。起垄栽培的辣椒在垄沟内每667平方米施腐熟优质有机肥2立方米，并掺入过磷酸钙50千克、尿素15千克、硫酸钾10千克，撒匀后翻地深15～20厘米，垄埂不要翻动，以免伤根太多。施肥整地后，重新覆盖地膜，以保证有机肥的利用和地温的升高。如果土壤过于干燥，可覆膜后膜下灌1次小水。④田间管理。修剪后白天温度控制在28℃以上，夜间控制在12℃以上。在新枝出现以前，晚揭早盖草苫以保持较高的温度，新枝2～3厘米后要在保证温度的适宜范围内多见光。晴天揭草苫后40分钟，拉开通风口换气1小时左右，中午2时许再换气1次，时间为1小时。阴天、雨天揭开草苫后1小时再拉开通风口，换气时间为40～50分钟；中午气温最高时再换气40分钟。晴天温度较高时要加大通风量，以利于开花授粉。侧枝出现后，易出现一芽多枝或侧枝出现过多过密现象，此时要根据辣椒植株的生长情况和天气情况留足留够侧枝，一般留 7～10 个侧枝，把多余的枝抹掉。辣椒坐果后，每 667 平方米随水冲施氮磷钾复合速效肥 5 千克，随着采收次数的增加要增加浇水冲肥的次数，每隔 1～2 次浇水冲 1 次肥。

通过近几年的栽培，寿光市农业高科技示范园得出的对比结果是：再生辣椒比同品种、同时间定植带大花蕾的辣椒苗前期产量提高 67%，总产量基本相等。按当前市场价计算，总产值每 667 平方米可提高 1 000～1 500 元。

37. 日光温室彩椒越冬及冬后如何管理？

(1) **深冬阶段管理** 一是温度管理。应加强保温，白天温度达 30℃时要开天窗通小风。开花坐果期，白天保持 22℃～26℃，夜间保持 15℃～18℃；果实膨大期与转色期，白天保持 25℃～30℃，夜间保持 15℃～20℃。10 厘米地温保持17℃～25℃。二是肥水管理。植株表现为缺水时，在小行间于膜下浇小水，每水带肥，应交替施用有机肥和化肥。每 667 平方米每次冲施有机肥 100 千克，每 667 平方米每次冲施磷酸二铵 15～20 千克或硝酸钾 5～8 千克。春节前后要追施 1 次充分腐熟的鸡粪，每 667 平方米追施 1 立方米。三是植株调整。去除不结果枝和弱枝，个别主枝结果后变弱，失去结果能力时，可在摘除果实的同时将其去掉；下部叶片如果变黄，应及时去掉。并将摘除的枝叶及时清理出室外，防止病原传播。四是病虫害防治。①茶黄螨。坚持全生育期防治。未发生侵害时，每隔 10～15 天用爱福丁、虫螨克等药物交替预防；发现有少量叶片受害时，及时摘除虫叶烧毁；当普遍发生时，可用

20%灭扫利乳油1000倍液或1.8%爱福丁乳油3000倍液喷雾防治，每7天喷1次，连续防治3～4次，采收前14天停止用药。②病毒病。以预防为主。病症开始表现时，每隔10天喷洒1次20%病毒A可湿性粉剂500倍液，连续防治3～4次。③霜霉病+白粉病。在这两种病零星发生时，每隔10天喷洒1次72%克露500倍液加40%福星8000倍液，连喷2～3次；在连阴天或湿度较大时，每667平方米用75%百菌清粉剂1千克熏烟，采收前3天停止用药。④根腐病。发病时，每隔10天喷洒1次50%多菌灵可湿性粉剂500倍液，每667平方米喷50升，连续喷2～3次。采果前3天停止用药。⑤灰霉病。发现病苗及时挖除，并及时喷洒76%灰霉特可湿性粉剂500倍液，轮换喷洒，每隔7天喷1次，连续防治2～3次；在连阴天或湿度较大时，每隔7～10天每667平方米用15%腐霉利烟剂200克熏烟1次，连续防治2～3次。

(2)**2月中旬后管理**　一是温度管理。逐渐加大通风量，晴天中午室内气温不要超过32℃，当夜间最低温度高于15℃时，要打开所有通风口昼夜通风。二是肥水管理。4月中下旬以前每10～12天浇水1次，每次浇水连带施肥；4月中旬以后7～8天浇水1次，隔1次水随水施肥。肥料种类、用法与用量同上。三是病虫害防治。①日灼病、脐腐病。坐果后，喷施1%过磷酸钙溶液，每隔5～10天喷1次，连喷2～3次。②白粉虱。在为害初期用0.9%爱福丁2000倍液或1.8%虫螨克3000～4000倍液或15%绿旋风1500倍液交替喷雾，每10天喷1次，连续喷1～2次，采收前7天停止用药。③美洲斑潜蝇。在该虫发生初期，喷洒1%农哈哈，每5～7天喷1次，连喷2～3次。

38. 温室彩色甜椒有机生态型无土栽培包括哪些技术措施?

彩色甜椒由于其外观及食用品质俱佳,深受消费者好评。采用中国农业科学院蔬菜花卉研究所的科研成果——有机生态型无土栽培技术种植彩色甜椒,既方便管理、节省投资,又能生产出无污染、安全、优质的产品。其主要栽培技术措施如下。

(1)前期准备 ①品种选择。选用黄色椒、紫色椒、白色椒、红色椒等品种搭配种植。②有机肥。有机生态型无土栽培的养分主要来源于发酵烘干的鸡粪,鸡粪含全氮3.2%、全磷3%、全钾3.5%,微量元素大于1%,有机质大于40%。③育苗基质与栽培基质。育苗基质用草炭和蛭石按体积比为2∶1的比例混合,再按1立方米混合基质中配入10千克烘干鸡粪,混合均匀。栽培基质配方为草炭、菇渣、炉渣按体积1∶1∶1混合。菇渣必须进行高温消毒;炉渣过筛后,选粒径为0.3~1厘米的颗粒,经水洗至pH为7左右。栽培基质混合时,1立方米混合基质加入10千克烘干鸡粪和0.5千克磷酸二铵做基肥。④栽培槽。槽南北延长,长度视温室跨度而定,内径48厘米,外径72厘米,槽间距80厘米。用三层砖平地垒起,砖与砖之间不用泥浆,底部中央开1条宽20厘米、深10厘米的沟,并保持0.5%的坡度。槽底部铺一层0.1毫米厚的聚乙烯薄膜,薄膜两边压在第一、第二层砖之间。用粗炉渣将沟填平,再加入13厘米厚混合好的栽培基质。⑤滴灌系统。采用加压滴灌,以单棚室建成独立供水系统,每槽铺两条滴灌管,并在滴灌带上覆一层0.1毫米厚的窄塑料薄膜,以防止滴灌水外喷及蒸发。

(2)育苗　①播种。7月中上旬，采用128孔的穴盘或8厘米×10厘米的营养钵育苗。基质浇透水，待水下渗后播种，每穴1粒，干籽直播，播后覆盖0.5厘米厚的育苗基质。②苗床管理。一是覆盖草苫。播后在苗床上覆盖草苫5～7天，出苗后揭去。二是覆盖防虫网和遮阳网。遮阳网覆盖在防虫网上面，在晴天10～16时覆盖，其他时间揭去。三是覆盖防雨膜。覆盖在遮阳网上面，棚室四周均保持1～1.5米的高度，以保证棚室通风。

(3)定植　在幼苗长有5～7片真叶、苗龄为30～40天时定植。定植前1天将栽培基质和秧苗浇透水，每槽栽植2行，小行距30厘米，株距27～30厘米。采取三角形定植，一穴单株，南端宜密，北端宜稀。

(4)栽培管理　一是水分管理。应依据植株长势、环境因素和基质情况及时调整灌水量及灌水次数，基质含水量保持在60%～85%。前期气温高，一般每天浇水1次；后期气温偏低，可2天浇1次水。成株期每株每次浇水量为0.7～0.9升。开花坐果前少浇，结果盛期多浇，后期少浇；高温天气多浇，冷凉天气少浇，阴雨雪天气停浇。二是肥料管理。追肥一般在定植后20天开始，此后每隔10天追1次烘干鸡粪，每次每株追15克，坐果后每次每株追25克。将肥料均匀撒在离根茎5厘米外的周围。若植株出现缺素症，视具体情况追施速效无机肥。坐果后温室内增施二氧化碳，早晨揭苫后30分钟开始施放二氧化碳；晴天持续施放2小时以上，阴雨无日光天气应停止施放。三是温度管理。定植后至缓苗期适宜昼温为30℃～35℃，适宜夜温为20℃～25℃；缓苗结束至开花结果期适宜昼温为20℃～25℃，适宜夜温为16℃～18℃。前期以遮光降温为主，结果后期做好保温工作，防止夜温过低而影响果实的成熟和转色。四是植株调整。采取吊蔓栽培。门椒开花时，去除基部侧枝，门椒要及早疏去或采收。疏花疏果要及时去除主枝上弱小的不结果枝。四门斗椒坐果后，留4条主枝无限生长，去除其余侧枝。五是挂果贮藏。在大部分果实定个转色后，可通过降温和控水的方法推迟果实的采收，延至元旦、春节供应市场。

（5）**病虫害防治**　以农业防治、生物防治为主，化学防治为辅。采用化学防治时，选择低毒低残留农药，确保产品不受农药污染。

39. 甜椒、辣椒栽培如何应用内置式秸秆生物反应堆技术？

甜椒、辣椒是一种需求二氧化碳较多的高温型作物，采用保护地栽培有四大难题，即地温偏低、二氧化碳亏缺、病虫害严重、土壤板结。应用秸秆生物反应堆和植物疫苗技术后，冬季20厘米地温增高4℃～6℃，二氧化碳浓度提高4～6倍，减少化肥用量60%，减少农药用量80%，连用3年可不施化肥、农药，成本降低60%以上，平均增产50%以上，平均售价提高20%，成熟期提前15天，收获期延长30天。该技术具体运用方法如下。

（1）**秸秆和其他物料用量**　每667平方米用秸秆3000～4000千克，饼粕100千克，牛、马、羊等草食动物粪便3～4立方米。

（2）**菌种、疫苗用量**　每667平方米用菌种6～8千克，植物疫苗2～3千克。

（3）**菌种和疫苗使用前的处理**　使用当天，1千克菌种或植物疫苗掺20千克麦麸、18升水，三者拌和均匀后堆积4～5小时，即可使用。如当天使用不完，可摊放于阴暗处，厚度为

10 厘米，第二天继续使用。

(4) **操作时间** 行下内置式于定植前 15 天进行，行间内置式于定植后进行。

(5) **行下内置式反应堆操作方法** 种植前在小行下开沟，沟宽与小行相等，沟深 15～20 厘米，沟长与行长相等，所挖土分放两边。开完沟后填加秸秆，秸秆厚度为 30 厘米，沟两头秸秆露出 10 厘米，以便进氧气；填完秸秆按每沟菌种用量均匀撒在秸秆上，用锨拍振一遍后，将起土回填于秸秆上，接着浇大水湿透秸秆，隔 3～4 天，起垄找平，覆土厚度为 15 厘米左右。然后挖穴或开小沟，将植物疫苗撒施于定植穴内并与土壤掺和均匀，栽苗、浇水、覆土；最后盖膜、打孔，在每行的两株之间用 14 号钢筋打孔，孔距 15 厘米，孔深以穿透秸秆层为准。

(6) **行间内置反应堆操作方法** 此法在定植后的大行间起土 15～20 厘米，放秸秆踏实填平，厚度 30 厘米，沟的两头各露出 10 厘米的秸秆，再按每沟所需菌种用量均匀撒在秸秆上，用锨拍振一遍，将所起土回填于秸秆上，然后浇小水湿润秸秆。行间内置式反应堆只浇这一次小水，以后浇水在小行间进行。待 6～7 天后，盖地膜打孔，打孔用 14 号钢筋按 30 厘米一行、20 厘米一个进行，孔深以穿透秸秆层为准。

(7) **内置式反应堆使用注意事项** 应做到“三足、一露和三不宜”。三足：即秸秆用量要足，菌种用量要足，第一次浇水要足。一露：即内置沟两头秸秆要露出茬头 10 厘米。三不宜：即开沟不宜过深，以 15～20 厘米深为宜；覆土不宜过厚，以 15 厘米左右即可；打孔不宜过晚，应在定植后及时打孔。

40. 冬季如何延长棚膜寿命?

冬季利用温室、大棚栽培辣椒等蔬菜,薄膜是一项很大的开支。因此,延长棚室薄膜的使用寿命,对于降低成本、提高经济效益有重要的意义。为达到这一目的,应当做到以下几点。

(1)**防破裂** 搭架棚室用的材料,多用铁丝、钢丝等。这些硬而尖的材料最容易将薄膜戳破。因此搭架材料一定要做到表面光滑,将竿尖、竹节削光磨平,垫上适宜的垫子。扎架要用麻绳等软材料,不要使用铁丝、铝丝等硬材料。

(2)**防脱缝** 棚室薄膜是由若干窄幅薄膜拼接而成的,如果拼缝太窄,粘结面积少,用力拉扯就会造成脱缝。因此,在拼接时要增大粘结面积,提高粘结点强度,避免使用时脱缝。

(3)**防风刮** 既薄又轻的棚室薄膜在冬季大风的袭击下最容易被吹破,因此薄膜蒙上后,应立即用压膜线压住。一般每隔1～2个棚架拉一道压膜线,线的松紧要适度。在经常刮大风的地区,可在迎风一面设立简易防风障,以减轻风害。

(4)**防压伤** 在大雪天时,棚顶积雪过厚容易压破薄膜。因此,在降雪时应注意检查,及时扫除棚顶积雪。

(5)**防老化** 棚室生产结束后,要将薄膜洗干净、晾干后卷好,放在通风、干燥、避光的地方,这样可以推迟老化,延长使用寿命。在收藏期间,要严防暴晒、烟熏和火烤。

保护得好的棚膜第二年可继续使用,但透光率稍有下降。

41. 怎样使用甲壳素?

甲壳素又名甲壳丰、壳聚糖,是天然高分子物质。在自然界广泛存在于甲壳动物和昆虫体表,也是真、细菌外壁和细胞壁的组成部分，多利用虾壳、蟹壳提取。其特点是无毒、无害，符合环保要求。甲壳素在辣椒等蔬菜栽培中的主要用途如下。

(1)**促根、护根、养根** 甲壳素灌浇在根部，或使用含甲壳素的肥料能促进根的生长发育，使缓苗期缩短，辣椒很快进入正常发育阶段，也能使受损根系加速恢复，消除肥多伤根、水多沤根等影响。在使用过甲壳素后，辣椒根部增强了抗病能力，其原理是甲壳素能诱导根部分泌杀菌物质，杀灭多种根腐病等病原菌。在甲壳素的作用下，能激发土壤中的放线菌，加速生长和繁殖。据报道，灌用2次甲壳素肥后，放线菌可增加30倍。放线菌属有益菌，它的加速生长和繁殖，会在辣椒根际形成优势菌落。对造成辣椒根腐病的诸多病原菌形成拮抗，起到防病、治病的作用，能确保辣椒根系不受侵染。

(2)**防病、抗病、防虫** 甲壳素在施到辣椒根、茎、叶各部分以后，能激发辣椒本身分泌产生甲壳素酶分解甲壳素。如前所述，真菌和细菌的外壁及细胞壁的组成都有甲壳素，所以辣椒病害的菌丝、孢子在接触到施用过甲壳素的植物体根茎叶时，就会被上面甲壳素酶溶解而致死；这种作用也会使单细胞的细菌很快死亡；使病毒钝化失去传播能力。甲壳素对甜椒等蔬菜根结线虫有很好的防效，混加阿维菌素用于蘸根穴施，防治根结线虫的效果达80%以上。

甲壳素杀菌防病能力虽然不及杀菌剂，但其诱导的植物本身的灭菌抗病能力是全面的。而无毒、无害、无污染的特点也是农药难以企及的。把它和其他农药相混合使用，可发挥其双重杀虫杀菌防病作用。把它和达科宁、阿米西达、世高、金雷、农利灵、甲基托布津等混用，可明显地提高杀真菌的能力；与链霉素相混合，提高了杀细菌的能力；与阿维菌素相混合，则提高了杀线虫的能力。所以，从减少污染、少用农药或不用农药防治病虫害的方面来考虑，甲壳素的作用不可忽视，具有广阔的应用前景。

(3)**调节辣椒生长状态** 甲壳素在应用较高浓度时，如使用80%的产品6 000倍液，能抑制旺长；在应用较低浓度时，能促进生长。这种双重作用在辣椒栽培中有很重要的用途。无论在育苗期还是移栽后，如发现菜苗生长偏旺，而生长偏旺会成为高脚苗，会造成明显的减产，可喷用较高浓度的甲壳素，能形成壮苗，这有利于花芽的形成，有利于提高坐果率，防止落花落果；对长势差的，则喷用低浓度(10 000倍液)，则能增强长势，获得丰产丰收。这种调节生长势的作用实质是调节了生殖生长和营养生长，通过调节达到平衡则是通向优质高产之路。

(4)**改善土壤性状** 常使用含甲壳素的肥料，能使土壤的团粒结构增加，改善土壤的通透性，为辣椒根系创造了水、肥、气、热的良好环境，既有利于防止沤根、闷根引发的根部病害，也有利于防止冬季辣椒发生黄叶，为辣椒优质高产打下基础。

42. 如何正确认识和使用爱多收？

爱多收在辣椒生产上以增产效果显著，无毒无害，价格低廉而闻名。在辣椒生产的全过程中均可应用是其特点。

(1)**可用于种子处理** 辣椒种子用爱多收6 000倍液浸泡4～10小时再播种，发芽整齐，出苗快，成苗率高。

(2)**可用于育壮苗** 辣椒苗期用爱多收6 000倍液喷1～2次，苗壮苗旺，长势好，可为丰产丰收打下良好基础。

(3)**促进花芽分化，促进开花坐果** 喷用爱多收溶液2～3次，可以使辣椒等茄果类作物提前开花2～7天，果实提早成熟5～8天。

(4)**可壮棵，防旺长** 使用爱多收时浓度要较高，大于4 000倍液时可防止旺长，小于6 000倍液时可促进生长，它具有双重调节作用。

(5)**能增大果实，明显提高产量** 在坐果初期、膨大期、成熟期各喷1次爱多收6 000倍液，可使甜椒、辣椒等茄果类蔬菜单果重平均增重14.2%，总产提高20%多；中后期使用2～3次，能延长结果期，有明显的防早衰作用，可明显增产。

(6)**能促进根系生长和恢复** 可喷叶促根，也能灌根促生根。叶靠根长，根好一切都好，这一认识被许多菜农所认同。爱多收常用在冬天根系的维护和根受害后的恢复上。

(7)**能提高辣椒抗不良环境能力和抗病力** 爱多收能减缓药害、肥害、气害等危害，喷用后使植物较快恢复正常。恢复药害的配方如下：①爱多收6 000倍液＋核苷酸用于受药害后植株的恢复。②爱多收8 000倍液＋芸薹素内酯或赤霉素用于抑制剂过量的治疗。③爱多收6 000倍液＋含锌含铁叶肥可用于各种伤害后叶片变黄治疗和根受伤治疗。据试验，药害后喷用1次该药液，其恢复两天的表现等于自然恢复1周时间。

爱多收是钠盐，能和绝大多数农药肥料混合作用，且使用方便。市场上，按1包可配50升水够667平方米土地之用，投入少，作用大。

爱多收在辣椒不同发育阶段都可应用。对辣椒的生理生化具有优异的正面影响，这在植物生理调节剂中是仅有的。不少菜农重视这种综合的增产、增收效应和明显提高经济收入的特点，在辣椒一生的各个阶段都可应用。

43. 萘乙酸在辣椒栽培上有哪些新用途？

一是用萘乙酸防治辣椒、甜椒旺长不结果。用 40 毫克/千克萘乙酸做“转变剂”，加入助壮素 750 倍液喷洒枝叶，专治“旺长棵子不结果”的问题，效果非常好。

喷用萘乙酸后，作物叶子会反转下垂，两天以后就复原。我们都把这种表现看作是“转弯”的标志，把萘乙酸叫“转弯药”。如果叶子不下垂、翻转，证明药用少了，应当再喷 1 次。

二是用萘乙酸做生根剂。辣椒根生长不好或受害时，灌根使用 3 000～5 000 倍液，能促发新根，恢复长势。

三是遇上辣椒等茄果类蔬菜不明原因的落果，往往很棘手，可喷用 40 毫克/千克萘乙酸溶液，一次就止住，可挽回很大损失。

萘乙酸用冷水化不开，资料上介绍的用热水煮的办法很费劲。但是应用碱水去溶解，生成萘乙酸钠再使用，效果很好而且方便。

44. 芸薹素内酯具有什么功能？

芸薹素内酯是继植物生长素、赤霉素、细胞分裂素、脱落酸和乙烯五大类植物激素之后发现的第六类植物激素（简称 BR）。云大-120 就是此类芸薹素内酯生物活性较高的一种。它与前五类植物激素的调节机制不同，它表现出的功能，即具有前五类植物生长调节剂的一些功能，如生长素和赤霉素的促进生长作用，细胞分裂素的促进细胞分裂作用，脱落酸的抗药性等，又克服了前五类激素在使用中易发生药害的不足。芸薹素内酯具有对植物生长的各个时期都能起到综合性的全面的特殊性的调节作用或促进作用，是一种具有多种功能的比较理想的新型植物生长调节剂。

芸薹素内酯的主要生理功能及作用机制表现在以下几个方面。

一是促进植物细胞分裂和伸长，根系发育、种子萌发和幼苗生长，特别用做种子处理和苗期喷洒，对植物幼苗的根系发育有明显的促进作用，可使根系鲜重和干重明显增加，表现根深苗壮，为健壮生长、增产增收打下基础。

二是提高植物叶绿素含量。增强光合作用，尤其在作物营养生长阶段，可以明显地扩大作物叶面积，增加叶绿素含量，促使作物协调吸收氮、磷、钾等营养元素，使叶色深，叶片厚，增强光合能力，促进光合产物的运转，增加有机物质的产量。

三是有利于植物花粉受精，提高结实率。研究证明，在植物开花结实期间能促进配偶子的形成和发育，增加花序数，促进花粉的成熟和花粉管的伸长，有利于植物的授粉、受精，提高结实率，并能调节弱势部位的养分再分配。尤其对辣椒等蔬菜作物，可以明显地提高坐果率。使果实大小均匀，促进成熟，改善品质，提高商品率。

四是能有效地改善植物的生理代谢作用，增强抗逆能力。各地试验示范证明，云大-120 能显著提高作物对干旱、盐碱、渍涝、低温逆反环境的抗性；在低温下可以明显地降低植物细胞内含物的外渗率，保护生物膜，提高植物的抗寒能力；在干旱地区和年份，能有效地降低植物水分的蒸腾量，提高植物的抗旱能力，促进植物根系发育，达到根深株壮。此外，云大-120 还可明显地减轻某些病害的发生，在灾年或灾情严重的地区，可以显著地增强抗灾保收能力。

45. 辣椒栽培怎样合理应用激素？

(1)**喷施萘乙酸防止辣椒落花**　在辣椒开花期用50毫克/千克萘乙酸溶液喷花，每隔7～10天喷1次，前后共喷4～5次。能明显减少辣椒落花，提高坐果率，增加果数和果重，总产量可增加20%左右，同时增强抗病和抗逆性。

(2)**喷施助壮素提高辣椒坐果率**　在辣椒开花初期，用100毫克/千克助壮素液进行叶面喷雾，经处理可抑制植株徒长，并对控制辣椒落花落蕾有良好的效果。

(3)**用爱多收处理可防止辣椒落花**　在辣椒花蕾期，用1.4%爱多收6 000倍液作叶面喷雾1～2次，能减少落花落蕾，增加辣椒产量。

(4)**用赤霉素处理防止辣椒落花**　用20～40毫克/千克赤霉素药液喷洒辣椒花朵1～2次，可防止辣椒花、果脱落，提高坐果率，提高产量。

(5)**用防落素喷花防止辣椒落花**　在辣椒开花期间用50毫克/千克防落素溶液喷花，能延长叶片的寿命，增强抗逆性，防止落花落蕾，提高坐果率10%以上。

(6)**用2,4-D处理防止落花并增产**　定植后20天左右的辣椒植株，用30毫克/千克2,4-D溶液蘸花，每隔7～10天处理1次，共处理4～5次，经处理能显著提高坐果率，产量可提高13%以上。

(7)**用芸薹素内酯浸种培育壮苗**　用芸薹素内酯1.8克粉剂对水100升浸种6小时，处理后的幼苗抗猝倒病、抗炭疽病能力增强，幼苗健壮，产量增加。

(8)**用ABT生根粉促生根壮棵**　用10毫克/升ABT 4号增产灵药液浸根0.5小时，可消除辣椒移栽后的生长停滞现象，根系发达，侧根多，苗健壮。

(9)**多效唑喷施促进辣椒壮苗**　在辣椒苗高6～7厘米时，用10～20毫克/千克多效唑药液进行1次叶面喷施，每667平方米用药液20～30升，可促进辣椒壮苗，切不可超量重复喷洒，以防药害。须注意的是：花蕾期药液浓度为10毫克/千克，盛果期浓度可为20毫克/千克，不可随意加大。

此外，在辣椒定植以后，用1.4%丰产素6 000倍液喷洒，每667平方米喷50升，每隔7～10天喷1次，连喷3～4次，可以提高坐果率并促进早熟，增产可达10%以上。

三、优良品种与栽培要点

46. 曼迪彩椒有什么特点？其栽培技术要点如何？

(1)特征特性　该品种于2001年从荷兰瑞克斯旺种子公司引进。植株生长势中等，节间短。该品种坐果率高，果实方形，壁厚，果长10～20厘米，直径8～10厘米。单果重200～260克。外表鲜亮，色泽好，成熟后由绿转大红色，果实鲜艳美观，商品性好。耐运输，耐贮存。果实可以绿果采收，也可以红果采收。室温在20℃时，货架期可达15天以上。抗烟草花叶病毒，适于日光温室越冬和早春大棚种植。

(2)栽培要点

一是栽培方式。高垄(畦)双行，畦面宽120厘米，畦高15厘米，株距40～50厘米，大行距80厘米，小行距40～50厘米。每667平方米栽植2000株左右。

二是培育壮苗。日光温室越冬栽培，播种期以7月中旬至8月上旬为宜；早春大棚栽培，以11月中旬播种育苗为好。7～8月份育苗，必须在大棚内利用遮阳网、防虫网等进行遮荫避雨，四周通大风降湿降温；采用穴盘育苗或营养钵育苗。

三是整地施肥。每667平方米用腐熟的鸡粪或厩肥5～8立方米，磷酸二铵、硫酸钾型复合肥各25千克，如增施饼粕或煮熟的大豆50千克则更好。定植前1周左右灌水造墒，起垄后覆盖地膜，以备移栽定植。

四是环境调控。①温度。定植后10天内一般不通风，晴天中午棚内气温达到32℃以上时通小风，昼温保持在26℃～30℃，夜温在15℃～20℃。缓苗后昼温保持21℃～26℃，夜温在15℃～18℃。结果期适当降低夜温，加大昼夜温差。②湿度。空气相对湿度为60%，土壤湿度为70%左右，忌大水漫灌，宜小水勤浇。从门椒坐果开始，每隔7～10天浇1次水，盛果期隔2～3天浇1次水。

五是追肥。结果后分3次进行追肥，门椒坐住后每667平方米追施饼粕或煮熟的大豆100千克左右。对椒坐住后每667平方米冲施尿素20千克，硫酸钾型复合肥20千克。四母斗椒坐住后，每667平方米冲施腐熟鸡粪或人粪尿300千克左右。

六是植株调整。①整枝疏果。将门椒以下的侧枝及时抹掉，门椒摘除。施肥充足、长势旺盛的植株可留对椒，否则予以摘除。大棚温室双干整枝，一般棚室留3～4秆整枝。进入高温季节，植株生长茂密时，随时剪去多余枝条，并疏去病叶、病果。②保花保果。可用40～50毫克/千克番茄灵溶液喷花或浸花，也可用50毫克/千克萘乙酸喷花。③适时采收。开花后35天左右，果实长足，果肉变厚，果实变硬有光泽，此时宜采收青果上市。红果宜在45天后，果实表面大部分转色、硬度好时再采收。

七是病虫害防治。①药剂浸种。用10%磷酸三钠浸种15分钟后洗净，用60℃温水浸种10分钟，并不停搅拌，可杀灭病毒和炭疽病菌、疫病病菌。②物理防治。每30平方米设置1块黄油板，诱杀白粉虱、美洲斑潜蝇。通风口处设置防虫网，以阻止白粉虱、斑潜蝇和蚜虫进入温室。③药剂防治。用大生M45、霜霉威混合液喷洒，防治炭疽病、疫病，并兼治灰霉病。用20%速灭杀丁或2.5%敌杀死2 000～3 000倍液防治蚜虫，用1.8%爱福丁3 000倍液防治红蜘蛛、茶黄螨和美洲斑潜蝇。

47. 萨菲罗彩椒有什么特点？其栽培技术要点如何？

（1）特征特性　该品种于2002年从荷兰瑞克斯旺种子公司引进。无限生长型。植株生长势中等，开展角度中等，节间较短。果实大，长方形，肉厚，果实长度可达12～14厘米，平均直径8～10厘米。平均单果重220克，最大单果重可达500克以上。口感好。成熟时，果实由绿色转鲜红色，表皮光泽好，商品性强。耐贮运。绿果、红果均可采收。抗烟草花叶病毒。适应日光温室越冬和早春大棚种植，也适应露地种植。一般保护地栽培每667平方米产量可达5 000千克左右。

（2）栽培要点　①栽培方式。大小垄种植，大垄宽80厘米，小垄宽45厘米，垄高15厘米，栽双行，株距45厘米左右，采用地膜全覆盖方式。每667平方米栽植1 800～2 200株。②播种育苗。采用营养钵和育苗穴盘播种育苗。在可以控制温度和湿度的育苗工厂或温室中育苗，最适发芽温度为25℃，发芽时间7～8天。③整地施肥。每667平方米施充分腐熟的厩肥10立方米，并与土壤混合均匀。如施用腐熟的鸡粪，每667平方米需施用6～8立方米。如在移栽前增施100千克煮熟的大豆，效果更好。④定植。在8～10片真叶时定植，定植后浇封窝水，2～3天浇1次透水。每隔15～20天交替喷施1次大生M45或百菌清可湿性粉剂600倍液，以预防病害的发生。⑤温度管理。移栽后白天最适气温为23℃～28℃，夜间最适温度为15℃～18℃，最低土壤温度为20℃。北方日光温室越冬茬栽培，宜在7～8月份育苗，以利于幼苗根系在低温来临前得到充分的生长发育。当气温达到35℃以上时，应及时通风降温，以免造成落花落果。⑥浇水追肥。坐果前控水蹲苗，以免引起植株旺长，导致落花落果。对椒坐住并长到核桃大小时结合浇水，追施促果肥。以后始终保持土壤湿润，每坐1层果追肥1次，每次每667平方米施复合肥30千克。⑦植株调整。每株保留3～4个生长健壮的侧枝，每个侧枝留果3～4个。如植株生长旺盛，应除去一部分小侧枝，以利于通风透光。有条件的日光温室可采取双干整枝，其余侧枝剪去。植株高度可调整到3米以上，采取用绳吊枝的方法。对椒坐住后摘去门椒。⑧病虫害防治。苗期病虫害以预防为主，通过温室通风和用百菌清可湿性粉剂600倍液喷雾，可防治多种叶病的发生。病害发生时，可使用菌毒清防治病毒病，用甲基硫菌灵防治炭疽病、疫病，用速克灵或霜霉威防治灰霉病。

48. 瓦尔特彩椒有什么特点？其栽培技术要点如何？

(1)特征特性 该品种从荷兰维特国际种业有限公司引进。中晚熟杂交品种，植株中高，叶大深绿。果形整齐，果壁肉厚，多为四心室果。高产抗病。果色由绿转黄，明黄亮丽，可采摘黄果或绿果。果实方形，大小为10厘米×9厘米。单果重200～280克。抗烟草花叶病毒病、番茄斑萎病毒病和马铃薯条斑病毒病。适宜越冬温室、早春大棚或越夏栽培。

(2)栽培要点 栽培要点分为以下5个方面。

一是栽培方式。早春茬栽培，11月上旬至12月上旬播种育苗，翌年2月上旬至3月上旬定植。越冬茬栽培，9月上旬开始育苗，11月上旬定植。越夏栽培，3月中旬至4月上旬育苗，5月上旬至6月中旬定植。定植行距为100～110厘米，株距为28～39厘米，每667平方米定植1 800～2 000株。

二是环境调控。定植之后，为了促进缓苗，要保持高温、高湿环境，白天不通风，适当提早盖帘时间，揭帘时间不必延晚，可按正常情况进行，保持温室内温度在25℃～30℃，空气相对湿度在70%～80%，保持7天，不宜过长。此后的温度管理是以调节通风量来控制温度，日最高温度不宜超过30℃，30℃左右的温度在一天当中不宜超过3小时，否则会给坐果和果实发育带来不良影响；中午温室温度最好保持在26℃～28℃，使辣椒的光合作用顺利进行；午后温度也应保持在25℃左右，以利于植株体内营养物质的运输和转化，同时蓄积热量。下午盖帘时保持温度在20℃～22℃，夜间温度应保持在18℃左右，翌日早晨揭帘时温度不低于15℃。如果低于15℃就会使开花数减少；如果温度低于10℃，会使开花数减少20%左右，坐果率降低25%～30%，畸形果增加10%～15%。所以说严冬季节应注意尽量保持较高的夜温。

三是肥水管理。定植前每667平方米施充分腐熟的有机肥3 000千克以上。定植初期甜椒根系弱，应大促小控，即轻浇水、早追肥、小蹲苗，浇水时可追施点粪水，促进迅速发根。以后至初花期前则视土壤墒情浇水，保持土壤见干见湿。注意从开花到果实如核桃大小时一般不浇水，以提高坐果率。进入结果期后应保持土壤湿润。根据天气情况及长势浇水，经常保持土壤湿润，一般每5～7天浇1次水，每次浇水量不要过大。一般情况下每浇2次水随水追肥1次，每次每667平方米追三元复合肥15～20千克。

四是植株调整。一般为双杈分枝，每株留2～3条健壮主枝，并用塑料绳或尼龙绳对植株进行吊扶，以防止倒折。将其余侧枝去掉，以主枝挂果，保留圆整果和无病虫果，将畸形果及多余小果或无发展潜力果及时疏去，以保证果实之间不挤压和养分供应充足。

五是病虫害防治。在整个生育过程中，发现病虫害要及时防治。

49. 塔兰多彩椒有什么特点？其栽培技术要点如何？

(1)**特征特性** 该品种于2001年从荷兰瑞克斯旺种子公司引进。无限生长型。植株开展度大，生长能力强，节间短。果实灯笼状，近方形，果长10～12厘米，直径9～10厘米。外表光亮，适宜绿果采收。耐贮运。口感正，商品性好。平均单果重250～300克，最大单果重可达400克以上。抗烟草花叶病毒。适宜日光温室越冬和早春栽培。一般每667平方米产量可达15000千克左右。

(2)**栽培要点** 栽培要点分为以下6个方面。

一是栽培方式。大小垄种植，大行距80厘米，小行距40厘米，株距50厘米。也可以60厘米等行距种植，垄高15厘米，垄宽40厘米。每667平方米定植2000株左右，实行地膜全覆盖方式。

二是温度调节。甜椒对温度较敏感，冬春季节以增温保湿为管理要点，移栽后白天最适气温为23℃～28℃，夜间最适气温为15℃～18℃，最低土壤温度为20℃。北方日光温室一般在7～8月份育苗，9月底至10月初移栽。冬春季节通过增加覆盖物和通风控制调节温度。当温度超过35℃以上时，应及时通风降温，以利于保花保果。

三是合理施肥。基肥用优质的猪圈粪或鸡粪，并须经过高温堆闷发酵数月，每667平方米施用8立方米左右，并增施硫酸钾型复合肥100千克，在整地时均匀翻施到25厘米的土层内。追肥根据植株的长势和土壤的肥力情况确定，一般情况下，等到对椒坐住果并长到如核桃大小时追肥，最好每667平方米随水冲施腐熟人、畜粪肥300～500千克；盛果期可随水冲施尿素或硫酸钾型复合肥，每次施25千克左右。

四是水分控制。浇水量和浇水次数根据土壤墒情和植株长势确定，门椒以前应尽量控水，以防止徒长。对椒坐果并长到核桃大小时浇1次透水，盛果期应选晴好天增加浇水次数，以保持土壤不干燥为宜。空气相对湿度应控制在65%～70%，通过通风口的大小和通风时间调节。

五是植株调整。3～4秆整枝，其余侧枝剪掉，每枝留果4～5个，并及时去掉畸形幼果。高大的日光温室可以采取双干整枝，每枝留果10个左右。以上两种整枝方法都要去掉门椒，如植株过旺可以留对椒，植株较弱时去掉对椒。盛果时应及时用绳吊枝，以免果枝折断或影响田间操作。

六是病虫害防治。甜椒的害虫主要有白粉虱、蚜虫、茶黄螨等，可采用遮虫网、黄油板诱杀等措施，也可采用敌敌畏烟剂熏杀或喷雾防治，还可用菊酯类农药进行喷雾防治。对茶黄螨可用5%尼索朗乳油2 000倍液或2.5%天王星乳油3 000倍液喷洒。

除了对甜椒的病毒病、疫病、炭疽病进行重点防治外，对叶枯病和褐斑病的防治应以预防为主，首先以培育壮苗、合理轮作、增施有机肥、控制温、湿度为基础，发病时可用36%甲基硫菌灵500倍液或50%多硫悬浮剂500倍液防治。也可用77%可杀得可湿性粉剂500倍液防治褐斑病，用58%甲霜灵·锰锌可湿性粉剂600倍液防治叶枯病。

50. 红英达彩椒有什么特点？其栽培技术要点如何？

(1)特征特性　该品种由先正达种子公司引进。属无限生长型。植株长势中等偏上，节间较短，坐果密集。耐低温、高温能力强，不易落花，容易坐果。成熟果由绿转红，果色鲜亮，色泽好。方形果，大部为四心室，果实长12厘米、直径10厘米，单果重200克左右。果肉厚而紧实，货架期长，耐贮运。山东省推广面积较大，适宜出口。抗烟草花叶病毒，适宜日光温室越冬茬和大棚早春栽培。日光温室栽培，每667平方米产量可达10 000千克以上。

(2) **栽培要点**　栽培要点可分为5个方面。

一是栽培方式。大小行种植，大行距80厘米，小行距40厘米，株距45厘米左右，起高垄栽植，垄高15厘米左右，全地膜覆盖。每667平方米栽植2 200株左右。也可在高架温室内以等行距60厘米定植。

二是播种育苗。日光温室越冬茬栽培播种以7月下旬至8月上旬为宜，定植期在10月中旬左右；早春大棚播种期于11月上旬播种，翌年2月上旬左右移栽，4月上旬采收。日光温室越冬茬栽培，其育苗正值高温强光照时期，必须采取工厂化穴盘育苗或大棚遮荫避雨措施育苗。

三是环境调控。同萨菲罗彩椒。

四是合理施肥。同萨菲罗彩椒。

五是植株调整。高架棚室可采取双干整枝，一般温室和大棚采取3～4秆整枝，其余侧枝及时剪掉。对椒坐住后，门椒也应摘除，以免坠秧而影响植株中上部坐果。植株长势较差时，对椒也应摘除。植株生长茂密时，应适时剪去空果枝和疏去病叶、老叶和畸形果，增加植株通透性。果枝挂2～3个果时，应及时用绳吊枝，以免果枝折断。

51. 红罗丹彩椒有什么特点？其栽培技术要点如何？

(1) **特征特性**　该品种2001年从先正达种子公司引进。属无限生长型。植株高大旺盛，生长势强，开展度大，坐果力强。营养生长与生殖生长协调，容易坐果。果实长方形，果长15厘米，直径9厘米，单果重250克左右。果肉厚实坚硬，耐贮藏和运输，货架期长。成熟果由绿转红，果肉光滑，果肉厚0.7厘米，色泽光亮鲜艳，商品性好。抗烟草花叶病毒，耐低温能力强。适宜日光温室越冬茬和大棚早春栽培。一般日光温室栽培每667平方米产量可达15 000千克左右。

(2)**栽培要点**　栽培要点分为以下5个方面。

一是栽培方式。高垄双行，畦面宽120厘米，畦高15厘米，株距40～50厘米，大行距80厘米，小行距40～50厘米。每667平方米栽植2 000株左右。

二是培育壮苗。日光温室越冬栽培，播种期以7月中旬至8月上旬为宜。必须在遮荫避雨的大棚里，利用遮阳网、防虫网，四周通过大风降湿降温，采用穴盘工厂化穴盘育苗或营养钵育苗。

三是环境调控。同萨菲罗彩椒。

四是肥水管理。同萨菲罗彩椒。

五是植株调整。①整枝疏果。将门椒以下的侧枝及时抹掉，摘除门椒。施肥充足、长势旺盛的植株可留对椒，否则，将对椒摘除。高大棚室留双干整枝，一般棚室留3～4秆整枝。进入高温季节，植株生长茂密时，随时剪去多余枝条或空果枝，并疏去病叶、病果。②保花保果。可用40～50毫克/千克番茄灵喷花或浸花，也可用50毫克/千克萘乙酸喷花。③适时采收。开花后35天左右，果实长足，果肉变厚，果实变硬有光泽，此时宜采收青果上市；红果，宜在开花后45天，果实表面大部分转色、硬度好时进行采收。

52. 川智长崎辣椒有什么特点？其栽培技术要点如何？

(1)特征特性 该品种由寿光圣日良种站从日本阪田种子有限公司引进。为无限生长型。植株生长旺盛，叶片淡绿适中，茎秆较粗壮，分枝力强，在低温弱光条件下容易坐果，坐果集中且坐果能力强。果实长锥状，呈羊角形，果长23～25厘米，直径3～4厘米。单果重90～150克。果皮浅绿色，果肉较厚，辣味适中，耐贮运，商品性好。抗小叶病、烟草花叶病毒病，耐寒性强。适宜日光温室秋延迟、越冬及早春栽培，也适合露地栽培。

(2)栽培要点 栽培要点分为以下5个方面。

一是栽培方式。双行高垄栽培，垄高15厘米左右；大行距80～90厘米，小行距50～60厘米，株距40～50厘米，采用地膜覆盖。每667平方米栽植2 200株左右。

二是环境调控。开花结果期，白天温度为20℃～28℃，夜间温度为10℃～15℃。空气相对湿度为50%～65%，土壤湿度以地表不干，手握能成团、落地能散开为宜。忌大水漫灌，宜小水勤浇。

三是肥水管理。每667平方米施用腐熟的优质人、畜粪肥8～10立方米做基肥，并增施硫酸钾型复合肥50～100千克。对椒坐住后至盛果期分3次追肥，以随水冲施为宜，每次每667平方米冲施腐熟有机肥500千克，也可冲施尿素和复合肥25千克左右，并及时补充钙、硼、铁、锌、锰等微量元素。

四是植株调整。每株留3～4个结果枝，吊枝或插架生长，将多余侧枝剪掉，不留门椒。保护地栽培可采用人工振动枝条的方法促进授粉。

五是病虫害防治。在整个生长季节，对病虫害以农艺措施和物理防治为主，如防虫网、黄板诱杀等。对蚜虫可用阿克泰、蚜虱一次净和多种菊酯类农药防治。对白粉虱可用扑虱灵喷杀或敌敌畏烟雾剂防治，以降低大棚湿度。用甲霜灵锰锌防治炭疽病，用甲基硫菌灵或普力克防治疫病，用铜制剂防治细菌性病害。南方种植须特别注意对青枯病和病毒病的预防。

53. 长剑辣椒有什么特点？其栽培技术要点如何？

(1)**特征特性** 该品种由三木种苗公司从日本SAKATA种苗公司引进。为早熟一代杂种。植株高大健壮，叶片宽大、色绿，节间短。坐果率高且连续坐果能力强，果实生长速度快且采收期长，产量高而稳定。果实呈长羊角形，果条较顺直。果长30～35厘米，果径5厘米左右。单果重150克左右。果肉厚，微辣。果皮淡黄绿色，有光泽，商品性好。抗病毒病、疫病和枯萎病，耐寒性及耐热性较强。适宜温室大棚栽培，也适宜露地栽培。保护地高产栽培，每667平方米产量可达5 000千克左右。

(2)**栽培要点** 栽培要点可分为以下5个方面。

一是栽培方式。高垄双行，畦面宽120厘米，畦高15厘米；株距40～50厘米，大行距80厘米，小行距40～50厘米。每667平方米栽植2 200株左右。

二是培育壮苗。日光温室越冬栽培，播种期以7月中旬至8月上旬为宜，可集中于翌年1月份上市。早春大棚栽培，于11月中旬播种育苗，翌年3月下旬采收。

三是环境调控。同川智长崎辣椒。

四是肥水管理。同川智长崎辣椒。

五是植株调整。①整枝疏果。将门椒以下的侧枝及时抹掉，摘除门椒。施肥充足、长势旺盛的植株可留对椒；否则，将对椒摘除。一般棚室留3～4秆整枝。进入高温季节，植株生长茂密时，随时剪去多余枝条，并疏去病叶、病果。②保花促果。可用番茄灵40～50毫克/千克喷花或浸花，也可用50毫克/千克萘乙酸喷花。③适时采收。开花后35天左右，果实长足，果肉变厚，果实变硬，且有光泽时，采收绿果上市。

54. 紫贵人彩椒有什么特点？其栽培技术要点如何？

(1)**特征特性** 该品种引自荷兰。为一代杂交品种，属彩色辣椒系列品种。叶绿而且肥大，植株紧凑，生长势强。果实长灯笼形，长11厘米左右，径粗8厘米左右。幼果和商品果皮紫色，成熟后转为紫红色。商品果光亮，肉厚，汁多，富含多种维生素及微量元素，没有辣味，口感甘甜，不易出现裂果现象，可适当提早采收。平均单果重150克。生长势中等，株型小，适合密植。抗病、耐低温和弱光，适宜日光温室和早春大棚内保护地栽培。

(2)**栽培要点** 栽培要点可分为以下5个方面。

一是栽培方式。早春茬栽培，11月中旬至12月上旬播种育苗，翌年2月上旬至3月上旬定植。越冬茬栽培，9月上旬开始育苗，11月上旬定植。采用大小行定植，大行距80厘米，小行距60厘米，株距50厘米，每667平方米定植2000株左右。

二是环境调控。定植后至缓苗期白天适宜温度为30℃～35℃，夜间为20℃～25℃。开花坐果期棚内白天气温为24℃～25℃，最高不超过26℃，夜间22时以前保持18℃，翌日早晨揭草苫以前保持15℃；地温保持在18℃～24℃。棚内植株徒长时，夜间温度要控制低一些，早晨温度保持在12℃

左右。膨果到采果期棚内气温上午控制在26℃～28℃，不超过30℃，14时后在25℃～28℃，上半夜棚温控制在18℃左右，下半夜控制在14℃左右，10厘米地温在20℃～25℃。棚内空气相对湿度保持在50%～60%，棚膜不滴水。土壤保持湿润(湿而不黏)，土壤相对含水量保持在60%～70%，忌大水漫灌，宜小水勤浇。注意加强通风排湿，在天气晴朗时，拉开草苫后当棚温上升到20℃时，就应开棚室顶通风口，进行通风排湿换气；当温度降到15℃时，将通风口关闭，提温；温度上升到25℃时再打开通风口。随着气温上升，应逐渐将通风口宽度加大，使棚温始终保持在适宜温度范围内。注意阴天也要通风，下雨时要闭棚。当棚外夜间最低气温达到15℃以上时，应将所有通风口都打开。当棚外白天气温达到20℃以上且无风时，可将前边棚膜揭起，加大通风散湿量。在进行大通风时要用防虫网封严通风口，防止昆虫飞到棚内。

三是肥水管理。定植前每667平方米施充分腐熟有机肥3 000千克以上。定植后浇1次水，以促进缓苗。门椒膨大后，要加强追肥并以氮、钾肥为主，每667平方米可施人粪尿500～800千克或尿素10～15千克。结果期每隔15～20天追肥1次，每667平方米每次随水冲施三元复合肥10～15千克。根据天气情况及长势浇水，经常保持土壤湿润，一般每7～15天浇1次水，每次浇水量不要过大。

四是植株调整。采用塑料绳吊株。第二批果采收前后，要及时整枝打杈并除去老、黄、病叶，使棚内植株始终处于良好的通风透光状态，否则将影响坐果率及果实膨大。一般每株保留3～4个主枝，将弱小枝和非结果枝去掉。无论植株长势如何，都不能喷赤霉素或矮壮素，严格禁止喷保花保果剂。

五是病虫害防治。在整个生育过程中，发现病虫害要及时防治。

55. 白公主彩椒有什么特点？其栽培技术要点如何？

(1)特征特性　该品种引自荷兰。为一代杂交品种，属彩色辣椒系列品种。果实方灯笼形，高10厘米左右，径粗10厘米左右。幼果和商品果皮蜡白色，果肉厚，汁多，富含多种维生素及微量元素，没有辣味，口感甘甜，不易出现裂果现象，可适当提早采收。单果较重，平均重170克左右；果实硬，耐挤压，适合贮运；果皮光滑，色泽鲜艳，外观好。该品种生长势较强，抗病，适合保护地栽培。

(2)栽培要点　栽培要点分为以下5个方面。

一是栽培方式。早春茬栽培，11月上旬至12月上旬播种育苗，翌年2月上旬至3月上旬定植。秋冬茬栽培，7月上旬播种育苗，9月上中旬定植，10月中旬开始采收。越冬茬栽培，9月上旬开始育苗，11月上旬定植。采用大小行定植，大行距80厘米，小行距60厘米，株距45厘米，每667平方米定植2 100株左右。

二是环境调控。定植后至缓苗期白天适宜温度为30℃～35℃，夜间为20℃～25℃。缓苗后白天温度控制在23℃～27℃，夜间控制在15℃～17℃，白天棚温达25℃时要进行通风。开花结果期白天温度控制在25℃～30℃，最高不超过32℃，最低不低于20℃；夜间控制在16℃～18℃。

三是肥水管理。定植前施足基肥，一般每667平方米施腐熟土杂粪2 500～3 500千克或饼粕100～150千克，过磷酸钙25千克，进口复合肥20千克，硫酸钾5千克。定植时浇足底水，缓苗期可不浇水。深冬季节植株表现有缺水现象时，在小行间于地膜下浇水，浇水量要小，每15天左右浇1次水。2

月中旬以后，浇水次数逐渐增加，每10～12天浇1次水。5月中旬以后，每7～8天浇1次水，且浇水量要充足。门椒坐住后，结合浇水追1次肥，每667平方米追施尿素15千克。进入盛果期，结合浇水每隔20天左右追肥1次，每次每667平方米施用磷酸二铵15～20千克和硫酸钾10千克。结合喷药可用0.2%磷酸二氢钾溶液进行叶面追肥。

四是植株调整。采用塑料绳吊株。采用双干整枝，茎绕在生长线上，分枝3～5厘米时及时从基部去除。结果后期，摘除植株底部的老叶、黄叶、病叶，并疏掉无效枝。

五是病虫害防治。在整个生育过程中，发现病虫害要及时防治。

四、病虫害防治

56. 如何识别和防治辣椒疫病?

【症　状】 辣椒疫病在苗期、成株期均可发生,茎、叶、果均可染病。苗期发病,茎基部呈暗绿色水浸状软腐或猝倒,又称苗期猝倒病;果实染病始于蒂部,初生暗绿色水浸状斑,迅速变褐软腐,湿度大时长出白色霉层(即病菌原孢囊梗及孢子囊),干燥后形成暗褐色僵果留在枝上。茎部染病,分杈处变为黑褐色或黑色最常见,其中尤以茎基部危害最为严重。病斑初为水浸状,后出现环绕表皮扩展的褐色或黑色条斑,病部明显缢缩,造成地上部折倒。且主要危害成株,植株急速凋萎,农民称之为"死棵",是一种毁灭性的病害,在某些温室甚至造成绝产。

【发病规律】 辣椒疫病属真菌性病害,病菌主要以卵孢子、厚垣孢子在病残体或土壤、种子上越冬,其中土壤中病残体带菌率最高,为主侵染源。此病为土传性病害,病菌生长发育适温为30℃,阴雨天后病害易发生流行,发病周期短,土质黏重,田间排水不畅,易积水的地块发病重。浇水过勤,浇水量过大的地块也易发生病害。植株定植过密,通风透光不良,发病重。

【防治方法】 ①培育无病壮苗。将种子先用清水预浸10小时,再用1%硫酸铜溶液浸种5分钟,用72.2%普力克水剂600～800倍液浸种12小时,捞起洗净后催芽播种。辣椒育苗一定要做好苗床土壤消毒。育苗床土选用2年未种过茄果类蔬菜的大田土。苗床整好地后,按每1平方米苗床用

70%杜邦克露 10 克与 10～15 千克细干土混匀拌成药土，留 1/3 药土用于播种后覆盖，将 2/3 药土撒于苗床内，这样播种后种子上下都是药土，能有效地预防苗期病害。成苗后在苗床上选用无病壮苗移栽。②实行轮作。发病田不要与瓜类、茄果类蔬菜连作，可与十字花科、豆科等蔬菜轮作，轮作时间为 3 年以上。据调查，在日光温室蔬菜种植中，辣椒疫病重茬地发病率高达 30%，轮作发病率可降低到 1%以下。③采用地膜覆盖高垄栽培。地膜覆盖可提高地温，减少蒸发，促进幼苗前期生长健壮，提高植株的抗病能力；行间覆地膜，可明显降低棚内湿度，高垄栽培(垄高 15～20 厘米)可避免根部积水而引发疫病。④加强田间管理。施足腐熟基肥，避免偏施氮肥，适当增施磷、钾肥，避免施用未腐熟的人粪尿、鸡粪等有机肥。防止大水漫灌，尤其在高温条件下要严禁浇大水，以防止出现高温、高湿，才能有效地减轻病害的发生。据观察，凡在持续高温期内浇水，特别是连浇 2～3 次大水时病株率高达 80%，而小水灌溉时病株率仅为 10%左右。⑤科学合理用药。在发病初期及时施药，用 50%瑞毒铜 1 000 倍液或绿乳铜 800～1 000 倍液均匀喷雾，效果较好。也可用 50%甲霜铜 500 倍液、64%瑞毒铝铜 250 倍液进行防治。每隔 7～10 天喷 1 次，视病情可连续喷施 2～3 次。也可选用烟熏法或粉尘法防治，在发病初期每 667 平方米用 45%百菌清烟雾剂 250～300 克或 5%百菌清粉尘剂 1 千克，隔 7 天左右防治 1 次，连续防治2～3 次，这样既可防病，又可适当降低室内湿度。⑥控制中心病株。出现中心病株时应及时拔除，实行喷施与浇灌并举，用 72%杜邦克露可湿性粉剂 600～700 倍液或72.2%普力克水剂 800 倍液等进行病穴处理，应每隔 7～10 天 1 次，连续防治 2～3 次。⑦结合灌水，灌根防治。日光节能温室辣椒在生产过程中,灌水应在晴天进行,尽量采取膜下暗灌。灌水前每 667 平方米均匀撒施硫酸铜晶体 1～2 千克在田间,或将其撒入水口处随水流入田间,也可将硫酸铜晶体溶解在水中浇入田间。浇水以不超过垄高的 2/3 为标准。切忌大水漫灌,灌水后要及时通风。并注意清洁田园,以减少土壤中疫病病原菌数量,减轻病害的发生。

57. 怎样采取综合措施防治辣椒灰霉病?

灰霉病是冬季大棚蔬菜防治的重点,因为深冬低温高湿、光照弱,灰霉病很容易发生蔓延,造成严重损失。通常的防治方法是喷药、熏蒸、蘸花和降湿升温。

喷药应在初发期进行,重点是喷好花、果部分,因为在多数蔬菜上灰霉病先侵染花瓣,然后到达萼片和果实。发病初始为褐色腐烂,之后生出灰毛,继而扩散危害枝叶等部分,所以要重点喷好花果。喷用药物效果较好的有 40%嘧霉胺(施佳乐)1 200 倍液,40%百可得 900 倍液,50%多霉清(多霉威、万霉灵)600 倍液,25%啶菌恶唑 3 000 倍液,50%扑海因 1 000～1 500 倍液以及速克灵、农利灵、适乐时等。施用这些药物,多同达科宁 600 倍液一起喷用,以防止产生抗药性,并能提高对灰霉病的防效。熏蒸最好在喷药的基础上进行,每 667 平方米可用百速烟剂 200 克熏烟。用菌核净熏蒸效果更优异。其具体用法是:点燃木柴或玉米芯,等冒过烟火后移到棚中,在上面撒上菌核净即能发烟熏棚,每 667 平方米用 40%菌核净 200 克即可,不可整夜熏,应从半夜熏起,注意防止熏蒸时间过长(以 5～6 小时为宜)而产生药害。

蘸花是在灰霉病发生严重时或喷药效果欠佳时的有效措施。可用适乐时 400 倍液、异菌脲(扑海因)或腐霉利(速克灵)500倍液把花及幼果蘸湿，能阻止已腐烂的花瓣向果实发展，其效果良好，但较费时费力。如果落花落果现象严重，为保花保果又兼防灰霉病，可用0.2升水加2,4-D 1支(5毫升)加赤霉素3～4毫升加适乐时1包(10毫升)混合药液直接蘸已开放八九成的花朵，效果显著。

棚室揭开草苫以后，可等温度升高再逐步通风，以升到31℃～33℃时再通风为好，这样能抑制灰霉孢子的产生，使病情不再扩展。此外，地面盖地膜、膜下浇水等措施也是综合防治辣椒灰霉病的办法。

58. 辣椒菌核病与灰霉病有何异同？如何防治？

(1)菌核病与灰霉病的不同点　表现在4个方面：①致病菌类不同。菌核病系子囊菌门真菌所致，灰霉病系半知菌类真菌所致。②分生孢子体颜色不同。菌核菌为白色棉絮状菌丝，灰霉菌为灰黑色霉状物，这是区别两类菌的重要特征之一。③初侵染主要感病部位不同。菌核病初侵染为茎基部或分杈处或叶缘或果柄，病斑长少量白霉。灰霉病初侵染一般为残留花朵部位，有明显的灰色菌丝。④侵染后的表现不同。菌核病在侵染严重的部位易产生菌核，灰霉病不易生成菌核；灰霉病易在病叶上生成"V"字形轮纹大褐斑，在果蒂或脐部生成灰霉斑；菌核病由果柄侵染后直接在整个果面形成腐烂病斑。

(2)菌核病与灰霉病的相同点　表现在两个方面：①发病的温度、湿度条件基本相同，即低温高湿，一般温度为15℃～22℃，相对湿度达到85%以上，为适宜发病的温、湿度。②防治的药物大同小异，基本相同，即用于防治灰霉病的药物对菌核病均有防效。如腐霉利、扑海因、农利灵等。

（3）防治方法　在低温寡照的情况下，由于通风不当致使湿度加大，菌核病和灰霉病均有发生蔓延之势，建议采用烟雾剂进行熏治，每667平方米每次可用10％速克灵烟剂或45％百菌清烟剂250克，于闭棚时点燃熏蒸，隔8～10天熏蒸1次。也可以采用在点花药中加入适乐时蘸花（每2升水加10毫升），辣椒通过蘸花后可有效地防治灰霉病、菌核病和绵腐病，达到不烂果的目的，防治效果显著。

辣椒可采用喷花的方式。在晴好天，应加大通风换气力度，同时采取叶面喷雾防治，初花期前可采用适乐时1 000倍液喷雾；重症期可采取世高1 000倍液加施佳乐1 500倍液喷雾，隔7～10天喷1次，连喷2次。最近拜耳公司新上市的凯泽，先正达公司的克诺斯对防治灰霉病和菌核病均有显著效果，每喷雾15升药液对1包药液（10～12毫升），隔10天喷施1次，连喷2次。

59. 怎样防治温室辣椒根部病害？

辣椒的根部病害常造成辣椒的死苗，严重的成片死亡，甚至绝收。辣椒的根部病害主要有3种，即辣椒的疫病、根腐病和青枯病。据调查，在辣椒根部病害中，疫病占80％，根腐病占5％，青枯病占15％～20％。而从发病趋势看，青枯病所占比例逐步上升。

【症　状】　从发病部位来看，疫病主要在地表以上茎基部发生，初期生水渍状病斑，扩展呈7～10厘米的大型病斑。后期病部变黑褐，皮层软化腐烂，茎缢缩。根腐病发生在地表以下，近地段，主要是植株表皮腐烂，易剥落。青枯病则发生在根尖，造成维管束变褐。

【防治方法】　辣椒根腐病的防治要以预防为主，防治结合。要从育苗开始，把住各个环节，有针对性地用药，就可收到事半功倍的效果。①温室辣椒8月份育苗时，此时地温在25℃～28℃，正是根部病害的发病适期，一定要做好土壤处理。育苗床选用2年来未种过茄果类菜的大田土，苗床整好后，按苗床面积每平方米分别用药10克准备：疫病用69％的金雷多米尔悬浮剂，根腐病用50％多菌灵可湿性粉剂，青枯病选用70％DT可湿性粉剂。分别按苗床面积称取药剂后混合，并加干细土1千克混匀，然后撒到畦面上，划锄、搂平，然后再浇水、撒种子、盖土、覆膜。这样可同时预防这3种病及苗期猝倒病的发生。②按苗量大小整好分苗苗床，然后按每平方米分别配以上3种药粉10克，再与10倍的干细土混匀，撒在苗床上，划锄、搂平，然后按株行距要求开沟，浇足水，水未渗下时立即栽苗、覆土、盖膜。③温室辣椒定植适期一般在1月下旬，定植前按每1 000穴备乙磷锰锌0.5千克、多菌灵0.5千克、金雷多米尔0.5千克，混合后加15千克干细土混匀。定植时，将药土均匀撒入定植穴中即可，一般一把药土可撒4穴，撒好后再栽苗、浇水。④对于重茬地块来说，相对发病较重，如有可能，最好轮作。一方面要深翻晒土，增施有机肥，增强植株的抗性；另一方面，进行全棚施药，提前预防。其用药品种同上，按栽培面积计算，每平方米用药10克。定植前深翻地并整平后，按药量加10倍的干细土，均匀撒在地面，划锄后搂平。全棚施药对重病地块同样适用。⑤每年的3月下旬至4月份，是辣椒根病的发病高峰期。此时要按辣椒的多少，用以上3种药分别按500倍量配好后灌根。有点、片病株的苗及周围苗按每棵0.5升在根部灌入药液，其余按每穴0.2～0.3升药液灌根。每10天灌1次，连灌2次，灌根后暂不浇水，可基本控制病害蔓延。

60. 辣椒死棵的原因是什么？如何综合防治？

辣椒死棵的主要病害为土传病害，其中包括立枯病、猝倒病、茎基腐病、疫病、青枯病、枯黄萎病，主要由卵菌、半知菌、子囊菌和细菌引起。不同菌种引起的病害是不同的，但它们具有一个共同点，即为土传病害，以土壤为载体，进行繁殖和传播。因此，通过土壤消毒，控制水分和温度是防治土传病害的关键技术环节。

防治辣椒死棵，如何在生产实践中运用系统科学的方法辨证施治，达到防治效果好、有效期较长、安全可靠和节省费用的目的，是目前广大种植者所普遍关心的。

保护地土壤经过连作或连续种植若干年，有害菌数量增加，所分泌的毒素积累是引发土传病害逐年加重的原因，通过高温闷棚、清洁田园、有机肥的堆沤处理、改良土壤、化学药物土壤消毒等综合性防治措施，是解决土传病害的重要技术措施。

那么，保护地土壤消毒之后，要建立一个良好的土壤生态环境，形成可持续发展的长效机制，是完全能办到的。其综合防治措施如下。

一是深耕培肥地力。目前保护地有效旋耕层深 16～18 厘米，作为作物根系生长的需求是远远不够的，需要在旋耕之后，再深翻土壤，深达 30 厘米以上，才能为根系生长创造良好的土壤条件。培肥地力主要是指增施有机肥和全价养分的化肥，满足作物生长的需求，形成一个透气性良好、适合根系呼吸和生长的环境。

二是以菌抑菌，减少化学农药的使用量。土壤中有益微生物菌群的扩大，能有效遏制有害微生物的繁衍。实践证明，应用好生物菌防病,不用农药即可少发或不发生土传病害。这一点在新大棚或已经土壤处理后的大棚效果不容置疑。目前市面上售出的 EM 菌、CM 菌、激抗菌等功效独特,在大苗移栽时浸根之后,每隔 7～10 天冲施 1 次,连续冲施 2～3 次,土传病害基本上不再发生,如果下冲上喷效果更好。目的是建立一个稳定的有益菌土壤生态环境,有长期的防病作用。

三是由于连续反复冲施、基施化肥,磷、钾、氮素肥料超标严重,有的土地不同程度呈现土壤盐渍化状态。基本症状表现为土壤板结,透气不良,有的土壤表面产生白色结晶物,即返盐现象。在这样的土壤环境中,作物根系呼吸困难,大量元素过剩,导致作物中毒和微量元素缺乏,作物生长不良,死棵问题也由此引发。方法是增施作物秸秆或鸡粪、猪粪为主的有机肥,破除板结,增加透气性。并重视甲壳素和菌肥的应用,为解决死棵打好基础。

以上方法配合使用得当,不用或少用化学防治方法即可达到解除或减轻土传病害的目的。化学防治土壤病害是有效的,在土壤病害严重时也不失为好办法之一。例如,施用溴甲烷(溴灭泰)、垄鑫等土壤熏蒸剂,可确保一季辣椒能安全收获,这是面上普遍采用的高效高投入的做法。其次,采用石灰氮、碳铵加高温闷棚,铜铵合剂等方法也有一定效果。这些办法应在使用结束后,配合土壤中施用有益生物制剂,在土壤中形成有益生物菌的优势群落,延长熏蒸防治效果。

实践证明,防治土传病害和死棵效果良好的配方,其一是甲基立枯磷加普力克法,其二是乙磷铝锰锌加 DT 法,其三是普力克加链霉素加生根剂法。采用上述药物组合灌根或穴施、沟施,再结合硫酸铜或多菌灵或乙磷铝锰锌基施或随水冲施,是可以解决除根结线虫之外的病害死棵问题的。

使用金雷多米尔 500 倍液加适乐时 1 500 倍液灌根，可防治辣椒等蔬菜多种病害引起的死棵，如在移栽前喷施 1 次阿米西达 1 000 倍液或 1 500 倍液蘸根，其防治效果会更好。

61. 怎样使用激抗菌 968 预防辣椒死棵？

(1)播种育苗期施　一是配制营养土时使用。可用 75 克激抗菌 968 施 500 穴的用量拌土使用。二是真叶生出后，用 5 克激抗菌 968 对水 3～5 升，每 7 天喷 1 次，苗期共喷 3 次即可。用此方法培育出的秧苗与其他秧苗相比，其叶色墨绿，根系发达。

(2)定植时穴施　定植时，按激抗菌 968 75 克加 1 千克麸皮或玉米面(为激抗菌 968 的繁殖提供营养)的用量，拌匀后均匀撒入 200 个定植穴内，再进行定植，不用再施其他药剂。如此生长的植株与其他植株相比长势旺、坐果早。

(3)植株生长期施　进入植株生长期，特别是在夏季，叶面喷施激抗菌 968，不仅能够增强作物的抗病、抗逆性，还能有效地预防病毒病的发生。

62. 怎样施用适乐时防治辣椒死棵？

辣椒死棵主要是疫霉根腐病、腐霉根腐病、疫病、茎腐病和镰刀菌枯萎病危害引起的。尤其是根腐病和枯萎病，针对性防治药剂不多，传统的药剂已不能有效地预防其发生。用 2.5%适乐时悬浮剂对辣椒的根腐病和枯萎病进行灌根防治，效果良好。

施用 2.5%适乐时，完全可以有效地防治以上两种病害的发生。病害发生后，用 2.5%适乐时可迅速控制其发展。适乐时可兼治炭疽病、白粉病、疫病、灰霉病等，一次用药防治多种病害，安全性好，适用于作物各个时期。适乐时的施用方法如下。

(1)预防　一是移栽前，用2.5%适乐时2 000倍液在苗床上进行灌根，此后每隔10～15天进行1次，连续喷2～3次。二是移栽时，浇定根水1次，用2.5%适乐时2 000倍液灌根。三是在开花前、具6～7片叶时再用2.5%适乐时悬浮剂2 000倍液灌根1次。

(2)治疗　发现根颈部出现水渍状后应立即进行防治，用2.5%适乐时1 000倍液进行灌根，并对植株进行叶面喷雾，每667平方米用药液300升。为降低用水量，浇灌时可把喷片去掉，对准植株根部，让药液缓慢进入土壤，这样用水量可以降低到150升。配合10%世高1 500倍液喷雾更佳。与金雷800倍液混合灌根可防治由疫病引起的死棵。

63. 辣椒枯萎病是怎样发生的？如何防治？

(1)发病原因　主要有4个方面：①连作致病。作物栽培种类单一，同种同科蔬菜长期连作，未能进行合理轮作，致使土壤中的病菌繁殖积累，数量增加，故连作时间越长，发病率越高，病情越重。②种子带菌。带菌种子和带有病原体的有机肥，是病害的初侵染源，播种前种子、营养土等未进行处理，或消毒药剂不对路，均为病害的发生条件，病菌从幼苗的根部或茎基部皮孔和伤口侵入，在维管束内繁殖蔓延，引起萎蔫。③措施不当。采用平畦栽培，不利于排除田间积水。灌溉采取大水漫灌或浇水次数偏多，导致土壤含水量过多，湿度过大，透气性差，为病害的发生创造了条件。④盲目施肥。过多施用氮素化肥，忽视钾肥、微肥及优质农家肥的施用，造成植株徒长，植株根系长期处于一种不良的土壤环境中。抗病能力下降，发病概率增加。

(2)防治措施　①合理轮作换茬，避免与瓜类、茄果类蔬菜连作。②培育无病壮苗，严格土壤消毒。一是要注意种子消毒，可用50%多菌灵500倍液浸种防病。二是要注意苗床土壤消毒。三是要注意营养钵或穴盘育苗时，减少移栽时易出现的伤根现象，防止病菌从伤口侵入，培育无病壮苗。③实行高垄栽培，坚持科学灌水。平整土地，采用起垄栽培，既有利于排灌，又可以增强土壤的透气性。浇水时要采取小水浇灌和膜下浇水，不能大水漫灌。④做到平衡施肥，加强田间管理。多施用经过充分腐熟的优质农家肥，适量增施磷、钾肥料，合理配施锌、硼等微量元素，要控制氮肥用量，使植株健壮生长，提高自身的抗病力。在辣椒生长期间，注意观察生长状况，发现病株及时拔除，集中销毁，并将病穴及周围植株进行灌药处理，防止土壤中的病菌蔓延危害。⑤药剂防治。发病前和发病初期及早施药防治，可用多菌灵500倍加福美双500倍混合液进行灌根，每7～10天灌1次，连续灌2～3次。也可用甲基立枯磷1 000倍液灌根防病。

64. 如何识别和防治辣椒细菌性叶斑病？

日光温室辣椒栽培若遇高温、高湿易导致细菌性叶斑病的发生，使辣椒大量落叶、落果、落花，对产量影响很大。

【症　状】　该病在田间点、片发生，主要危害叶片。成株叶片发病，初呈黄绿色不规则水浸状小斑点，扩大后变为红褐色或深褐色至铁锈色，病斑膜质，大小不等。干燥时，病斑多呈红褐色。该病一旦侵染，扩展速度很快，全株或个别叶片或多数叶片发病，植株仍可生长，严重时叶片大部分脱落。细菌性叶斑病病健交界处明显，但不隆起，以此区别于辣椒疮痂病。

【病原和传播途径】 辣椒真菌性叶斑病是由丁香假单胞杆菌(属真菌)侵染引起的。病菌主要在种子及病残体上越冬，在田间借风雨或灌溉水传播，从辣椒叶片伤口处侵入。病菌生长发育适温为25℃～28℃。高温、高湿时蔓延快，排水不良、瘠薄缺肥地病害严重。

【日光温室内的发病条件】 日光温室内没有进行熏蒸消毒或消毒不彻底；室内的病株残体清理不干净；种子带菌，在播种前未进行种子消毒处理；温室内灌水后没有及时通风排湿，导致室内高温、高湿；前茬蔬菜收获后，土壤未经深翻、暴晒就直接进行下一茬的栽培，也容易引发病害。

【防治方法】 ①实行合理轮作。与非茄科蔬菜轮作2～3年。前茬蔬菜收获后及时彻底地清除病菌残留体，结合深耕、晒垡，促使病菌残留体腐解，加速病菌死亡。②种子消毒。播前用相当于种子重量0.3%的50%琥胶肥酸铜可湿性粉剂拌种，可有效防止辣椒细菌性叶斑病的发生。③加强日光温室内的管理。定植前要平整土地，深翻土壤，并采用高垄栽培，辣椒生长过程中及时中耕松土和施肥；防止积水，避免大水漫灌；土壤灌水后室内温度升高时，应及时通风排湿；温室内的蓄水池要用薄膜覆盖，防止室内温度升高时水分蒸发而增加空气湿度；发现病叶，及时清除到室外深埋或烧毁。④药剂防治。发病初期，喷72%农用硫酸链霉素可溶性粉剂或硫酸链霉素4 000倍液，或新植霉素4 000～5 000倍液，或47%加瑞农可湿性粉剂600倍液，或12%松脂酸铜乳油500倍液，或铜大师1 000倍液，或可杀得800倍液。每7～8天喷1次，连续喷治2～3次。此方法可兼治辣椒疮痂病和软腐病，采用以上药剂灌根可防治青枯病的发生。

65. 如何识别和防治辣椒疮痂病?

辣椒疮痂病也称细菌性斑点病。在保护地栽培中危害普遍,苗期和成株期均可发病,可造成大量落花、落果、落叶。

【症　状】 疮痂病主要发生在叶和茎上,有时也危害果实。叶片染病时,初期出现水渍状黄绿色小斑点,扩大后呈不规则形。病斑边缘暗绿色,稍隆起;中间淡褐色,稍凹陷。病斑表皮粗糙,呈疮痂状。受害重的叶片边缘、叶间变黄,干枯脱落。如果病斑沿叶脉发生,常使叶片变成畸形。茎部和果柄染病,出现不规则条形病斑或斑块,颜色暗绿色,逐渐木栓化或纵裂成疮痂状。果实被害,开始有褐色隆起的小黑点,随后扩大为稍隆起的圆形或长圆形的黑色疮痂病斑。潮湿时,疮痂中间有菌液溢出。辣椒幼苗染病时,子叶上出现水渍状的银白色小斑点,后变为暗色凹陷病斑。发病严重时常引起幼苗全株落叶,最终植株死亡。

【发病条件】 辣椒疮痂病由细菌侵染引起。病原菌附着在种子表面或随病残体在土壤里越冬,翌年随灌溉水、农事操作传播,从叶片气孔或植株伤口处侵入。病菌生长发病最适温度为 27℃～30℃,最低为 5℃,最高为 40℃。遇 59℃高温 10 分钟病菌死亡。空气相对湿度为 90%以上时有利于发病。高温、高湿是诱发辣椒疮痂病的重要条件。日光温室和大棚夏季栽培辣椒,在气温高、浇水多、放风量小、缺肥等条件下容易发病。

【防治方法】 播种前要进行种子消毒处理,一般先将种子在清水中浸泡 6～15 小时,再用 1%硫酸铜溶液浸 5 分钟,捞出后拌少量消石灰或草木灰中和酸性后再播种。或用 55℃温水浸种 10 分钟,立即用冷水冷却,然后催芽播种。还可用1∶10的农用链霉素液浸种30分钟。定植后加强管理，促进植株根系发展，提高抗病能力。温室、大棚内注意通风降温，防止高温高湿。及时把病叶、病果、病株清除到室外，并深埋或烧毁。药剂防治，发病初期可喷1∶1∶200波尔多液，或新植霉素4 000～5 000倍液，或72%农用链霉素4 000倍液，每7～10天喷1次，各种农药交替使用，连续喷3～4次。

66. 如何识别和防治辣椒软腐病？

辣椒软腐病各地均有发生。日光温室和大棚早春栽培辣椒，多在生育的中后期，气温较高，果实遭受棉铃虫、烟夜蛾为害的情况下发生。在辣椒果实贮藏期间也易发病。

【症　状】 辣椒软腐病主要危害果实，多于近果柄处发生。在萼片周围初生很小的水渍状暗绿色斑，迅速扩展，整个果皮变成白绿色、软腐，果实内部组织腐烂，病果呈一大水泡状。果皮破裂后，内部液体流出，仅存皱缩的表皮。有时病斑可不达全果，病部表皮皱缩，边缘稍凹陷，病健交界处有一明显的绿缘。病果可脱落或僵化挂于枝上，软腐果柄有异味，但没有其他植物上的软腐病那种恶臭。

【发病条件】 病原菌为胡萝卜软腐欧氏菌。病菌随病株残体在土壤中越冬，翌年春通过灌溉水从植株伤口侵入感染，染病后病株又通过昆虫及风雨传播病菌，造成病害蔓延流行。病菌在2℃～41℃范围内均能发育，适温为30℃～35℃，所以发病多在高温季节。种子可以带菌。凡是受到棉铃虫、烟夜蛾等害虫钻蛀的果实，很容易发病。收获后使用不清洁的水冲洗果实，特别是装筐的果实用水边冲边摇动的做法，容易造成软腐病扩散，使采后果实在贮运过程中病害加重。

【防治方法】 及时预防棉铃虫和烟夜蛾，是防治软腐病的有效措施。合理密植，注意通风，降低空气湿度。发现病果及时清除，以减少病虫来源。发现病害立即喷洒72%农用链霉素4 000倍液，或新植霉素4 000倍液，或14%络氨铜水剂300倍液，或1∶1∶200波尔多液。隔6～7天喷1次，连喷2～3次。

67. 如何识别和防治辣椒白粉病?

白粉病主要危害辣椒的叶片，新叶、老叶均能发病，是引起辣椒落叶的一个重要病害。保护地栽培的辣椒在夏秋季天气干旱而灌水过少的情况下较易发病，发病后大量落叶，着生的果实不易膨大。

【症　状】 发病初期，可先在叶片正面产生褪绿的小黄斑点，逐渐发展成为边缘不明显的较大块的淡黄色病斑。严重时整个辣椒叶片全部染病，沿叶脉的组织坏死，产生褐色小点，并在叶片背面产生很薄的一层白色霜状霉层，即病菌的分生孢子梗和分生孢子。病叶发黄，极易脱落。

【发病条件】 病原为鞑靼内丝白粉菌，随病叶在地表和土壤中越冬。白粉菌分生孢子在10℃～35℃条件下均可萌发，气温低于30℃最适合侵染。病菌孢子萌发后以芽管通过寄主侵入气孔，侵入后内生菌丝在寄主细胞间扩展并吸收寄主养分。随后分生孢子梗从气孔内伸出，形成白粉状的分生孢子。分生孢子在田间主要靠气流传播扩散。分生孢子的萌发需在水滴内进行，但病害流行在较干燥的环境下(空气相对湿度低于60%)发展较快。分生孢子一旦侵入，气温高于30℃时可加速症状的出现；昼夜温差大时，有利于白粉病的发生和蔓延。

【防治方法】 ①加强田间管理。田间保持适宜的空气相对湿度，防止土壤干旱和空气干燥。②药剂防治。发病初期可喷15%粉锈宁800～1 000倍液，或50%硫黄悬浮剂300倍液，或50%甲基托布津1 000倍液，每7天左右喷1次，连续喷2～3次。

68. 如何识别和防治辣椒叶霉病？

【症　状】 辣椒叶霉病主要危害叶片。最初在叶片上表现为浅黄色不规则形褪绿斑块，叶背部初生浅白色霉层；不久叶正面呈浅黄色至黄色大斑，且数量较多，不受叶脉限制；叶背部霉层逐渐变为浅灰色至黑褐色茸毛状霉，即病原菌的分生孢子梗和分生孢子。但病叶无明显变脆增厚和上卷现象，后期叶片也很少脱落。发病初期由下部叶片开始，发病严重时整片叶形成花斑，并且变黄干枯。经多点调查，一般甜椒较尖辣椒品种发病重，国外品种较国内品种发病重。

【病　原】 该病为半知菌亚门真菌，褐孢霉属。分生孢子梗多数丛生，暗橄榄色。其上生1～3个孢子，其后再生次生孢子，次生孢子梗膨大呈节状。分生孢子呈卵圆形或长椭圆形，无色或暗橄榄色，并具有0～3个隔膜。

【发病规律和传播途径】 该病病菌主要以菌丝体和分生孢子随病残体遗留在地面越冬，当翌年环境条件适宜时，病组织上产生分生孢子，通过气流传播，在寄主表面萌发后从伤口或体表侵入，病部又产生分生孢子，进行再次侵染传播。尤其是在植株栽培过密，田间生长郁闭，干湿交替或有白粉虱等虫害发生时，均易感染此病，而且该病菌孢子随风传播极为迅速。

【防治方法】 ①选用抗病品种。生产栽培中应选用抗性较强的辣型品种。选用国外品种时，应先进行抗病性试验，然后再进行选择。经试验筛选，以寿光长羊角椒、长剑等品种表现较优，而荷兰彩椒如白公主、紫贵人等品种易感染此病。②及早清洁田园。防治该病应突出一个“早”字，发现病株及病叶应及早清除，集中深埋或烧毁；收获后及时清除植株残体，以断绝循环侵染途径。③合理密植，加强管理。首先，栽植密度应依照各品种特性及要求适当安排。其次，尽量避免忽干忽湿现象出现，严禁大水漫灌，注意降低田间湿度，尤其是保护地中的空气相对湿度要注意降低。④实行轮作。辣椒叶霉病主要是病残体在土中或病菌孢子直接落入土中进行循环侵染，故应实行与其他作物轮作。⑤增施石灰和腐熟有机肥。由于该菌性喜酸性环境，整地时每 667 平方米应撒施生石灰 150～200 千克，并施用经充分腐熟的有机肥，以避免“生肥发酵”产生“烧根”而造成伤口发病。⑥药剂防治。发病前或发病初期可用 47%加瑞农可湿性粉剂 800 倍液，或 10%宝丽安(多氧霉素)800 倍液，或 65%万霉灵可湿性粉剂 1 200 倍液，或 75%百菌清(达科宁)600 倍液进行喷施。每隔 7～10 天喷 1 次，连续喷 3～4 次。在发病期间，用上述药剂防治应当加大浓度。采收前 15～20 天应停止喷药，以防止果实中农药残留过量。

除喷雾防治外，可结合喷撒 6.5%甲霉灵粉尘剂或 5%百菌清粉尘剂，每 667 平方米用量为 1.5～1.8 千克。此外，也可用 45%百菌清烟剂或 15%速克灵烟剂进行熏蒸。

69. 如何识别和防治辣椒霜霉病？霜霉病、白粉病、叶霉病有何区别？

【症　状】 辣椒霜霉病主要危害叶片、叶柄及嫩茎。叶片染病，病斑略呈浅绿色，不规则；叶背有稀疏的白色薄霉层，病叶变脆较厚，稍向上卷，后期叶易脱落。叶柄、嫩茎染病，呈褐色水渍状，病部出现白色稀疏的霉层。

【传播途径和发病条件】 病菌以卵孢子越冬。翌年条件适宜时产生游动孢子，借气流、灌水传播蔓延，进行再侵染，经多次再侵染造成该病流行。一般棚内气温为20℃～24℃时发病重。

【防治方法】 ①选用抗病品种。②实行2年以上的轮作。③清洁田园，将病残体集中烧毁，及时耕翻土地。④发病初期开始喷洒72%克霜氰可湿性粉剂或72%克露可湿性粉剂800倍液，或1∶1∶200倍式波尔多液，或90%三乙磷酸铝可湿性粉剂500倍液，或60%琥·乙磷铝可湿性粉剂500倍液，防治1～2次。

【辣椒霜霉病、白粉病、叶霉病三者的区别】 主要从发病时间，发病时叶片颜色、霉层厚度及分布等方面进行辨别。

霜霉病　低温高湿病害，在气温为22℃～24℃、空气相对湿度为90%以上时易发病。通常在11月至翌年3月份发病。发病时叶正面发绿，背面有稀疏霉层，叶片、叶柄和叶枝均有。

白粉病　高温干旱条件下易发病，多于5月份以后发生。发病时叶背面有毛，叶片厚，叶片正面略发黄，叶片上卷。

叶霉病　通常在11月至翌年3月份发病。发病时叶正面发黄，背面有很厚的霉层，霉层主要在叶上。

70. 如何识别和防治辣椒炭疽病?

辣椒叶上发生的炭疽病有3种，即黑色炭疽病、黑点炭疽病和红色炭疽病。其中黑色炭疽病发生普遍，黑点炭疽病仅在部分地区发生，红色炭疽病发生较少。

【症　状】 辣椒叶上 3 种炭疽病的症状相似，其区别如下：①黑色炭疽病。危害叶片和果实，成熟果实和衰老叶片受害更重。叶片发病初期呈褪绿水渍状斑点，逐渐变成褐色，以后边缘为深褐色，中间为浅褐色或灰白色的近圆形或不规则形斑，上面轮生黑色小点，即病菌和分生孢子盘。发病叶片易脱落，严重时只剩顶部小叶。果实上的病斑长圆形或不规则形，初呈水渍状，后呈褐色、凹陷，有稍隆起的同心轮纹，其上也密生小黑点，病斑的边缘有湿润的变色圈。干燥时病斑干缩，似羊皮纸状，易破裂。②黑点炭疽病。主要是成熟果实受害严重。病斑很像黑色炭疽病，但病斑上的小黑点较大，色较深，在潮湿条件下，小黑点能溢出黏质物。③红色炭疽病。幼果和成熟果均能受害，病斑圆形、黄褐色、水浸状、凹陷，病斑上有橙红色小点，且略呈同心环状排列，在潮湿条件下，整个病斑表面溢出红色黏质物。

【病　原】 病原是半知菌亚门的真菌。①刺盘孢属的黑刺盘孢菌，引起辣椒黑色炭疽病。病斑上的黑色小点是病菌的分生孢子盘，周缘生暗褐色刚毛，有 2～4 个隔膜。分生孢子梗圆柱形，无色，单胞。分生孢子长椭圆形，无色单胞。②从刺盘孢属的辣椒丛刺盘孢菌，引起黑点炭疽病。分生孢子盘周缘及内部均密生刚毛，尤其内部刚毛特别多，刚毛暗褐色、有隔膜。分生孢子新月形，无色，单胞。③盘长孢属的辣椒盘长孢菌，引起红色炭疽病。分生孢子盘排列成轮纹状，无刚毛。分生孢子椭圆形，无色，单胞。

【侵染循环】 炭疽病菌以分生孢子附着在种子表面越冬，也能以菌丝潜伏在种子内越冬，成为翌年初侵染源。发病后病斑上产生新的分生孢子，通过气流、灌水、昆虫等媒介传播进行再侵染。病菌多从寄主的伤口侵入。而辣椒盘长孢菌还可从寄主表皮直接侵入。

【发病条件】 ①温暖高湿有利于炭疽病的发生和发展。本病菌的孢子萌发、侵染要求95%以上的相对湿度，发育温度为12℃～33℃，最适温度为27℃。如果相对湿度低于70%，则不利于发病。②植株根系发育不良发病重。辣椒的根系发育不良致使植株生长衰弱，是发病的重要因素。辣椒根系的根量少，入土浅，对环境条件敏感，冷热、旱涝都会影响根系发育。凡不利于辣椒叶、根系生长发育的栽培条件均能促使发病，如栽植过深，地温低，中耕不及时，肥料不足或施用氮素化肥过多，以及栽植密度过小，枝叶不能封行，使土壤温度过高等均能造成根系衰弱，病害发生严重。地势低洼，土壤黏重，排水不良的地块发病早而重，往往成为发病的中心。③品种间和成熟度不同的果实具有抗病性差异。在有辣味的辣椒品种中，辣味强的比较抗病。④果实受日光灼伤或机械损伤可加重炭疽病的发生。

【防治方法】 连续多年实行种子处理和轮作可不发病或少发病。在发病重的地区防病增产的办法，除实行轮作和种子处理外，应着重采取促进根系发育的栽培措施。①种子处理。消灭种子上的病菌，须在播种前进行种子处理。其处理方法：一是温汤浸种。用清水洗净种子，然后用55℃温水浸种10分钟后立即移入冷水中冷却，然后催芽播种。二是用硫酸铜溶液浸种。先将种子在清水中浸泡6～15小时，再用1%硫酸铜溶液浸泡5分钟，捞出后拌少量消石灰或草木灰中和酸性。或用硫酸铜浸种后，再用清水洗3遍，然后播种。②加强栽培管理，促进根系发育。在深耕的基础上，每667平方米施腐熟有机肥5 000千克，最好分层施较长效的氮磷钾复合肥60～80千克做基肥，代替追肥。用营养钵育苗，减少移植伤根。定植深度从茎基部算起，一般以4～5厘米为宜，定植的第二天开始中耕，灌水后适时中耕，防止土表裂缝，最后一次中耕要多培土。灌水时，如果气温低要选晴天进行，气温高时要在早晚进行，追肥不要离根太近，追肥后要及时灌水。③防止日灼和机械伤害果实。定植密度以成株期枝叶相接又不拥挤为原则。田间操作避免碰伤果实。④田园卫生。果实采收后，要彻底清除田间病残体，集中烧毁或深埋，并结合深耕促使病菌死亡。⑤化学防治。加强检查，及时发现病株，及时喷药防治。常选用的药剂有1∶1∶200波尔多液，70%甲基托布津可湿性粉剂1 000倍液，75%百菌清可湿性粉剂500～600倍液，50%福美双可湿性粉剂500倍液等。

71. 如何识别和防治辣椒病毒病?

【症　状】 分为花叶型、黄化型、坏死型和畸形等。花叶型分轻型花叶和重型花叶两种类型：轻型花叶病，叶片明脉、轻微褪绿，出现浓淡绿相间斑驳、病株不矮化；重型花叶病叶片凸凹不平，叶脉皱缩、畸形，生长慢，果实小，矮化。黄化型病叶明显变黄，特别是顶部叶片出现落叶现象。坏死型病株部分变褐坏死，叶柄、茎秆发生条形坏死斑，因此又称条形坏死病。畸形病株顶叶窄长呈线状、丛枝状，有的病株叶片丛聚顶部呈簇状，心叶出现黄褐色环斑，节间短、矮化，中部叶片有的叶缘向上卷。

【发病条件】 长期干旱、高温，管理粗放，蚜虫和人为传播，吸烟者不用肥皂洗手就接触植株等，可传染病毒病。

【防治方法】 选用抗病品种。用10%磷酸三钠溶液浸种子30分钟，及时防治蚜虫、螨虫。5～6月份上防虫网、遮阳网，棚内保持湿润，棚内温度不能超过30℃。发病时用

1.5%植病灵 1 000 倍+2%菌克毒克 300 倍+爱农或毒尽 1 000倍+农康 2 000 倍+爱农或农康 1 000 倍+绿亨 6 号 1 000倍+激抗菌 968 1 500 倍混合液喷雾，全株上下喷匀，隔 3～4 天喷 1 次，连续喷3～4 次。

72. 如何采用农艺措施防治辣椒病害?

农艺措施不仅可有效地控制病害的发生，而且还能改善大棚环境，有利于辣椒的健康生长。农艺措施防治病害的具体操作有以下几个方面。

(1)**清洁棚田**　一茬蔬菜收获后，很多病菌附在蔬菜残枝上散落田间而进入土壤，成为下茬蔬菜的污染源。因此，菜农应在蔬菜生长后期加强病害防治，直接减少病原菌基数，并且在每茬蔬菜收获后彻底清除残枝败叶。对易感根系病害的蔬菜要清除残根，在远离棚区处深埋或烧毁。

(2)**深耕闷棚**　深耕的目的是破坏病菌的生存环境，一般要求每次收获后深耕 40 厘米，借助低温、紫外线等自然条件，杀死一部分病菌。消毒在夏季蔬菜换茬间隙，深耕后灌足水，盖上塑料薄膜进行高温消毒，可使上层 10 厘米处最高温度达 60℃～70℃，能够杀死大量病菌，这是一种简单、有效的控防方法。

(3)**合理轮作**　合理轮作不但能提高作物本身的抗逆能力，而且能使潜藏在地里的病原物经过一定期限后大量减少或丧失侵染能力。蔬菜轮作有两类：一种是蔬菜与蔬菜之间的轮作，要求根据病原物在土壤中的存活时间，确定不同蔬菜种植的间隔时间。二是蔬菜与粮食作物之间的轮作，如夏季休闲季节在棚内种植一茬水稻。

(4)**换土**　对一些较为固定、品种选择余地小而且投资大、效益高的蔬菜设施栽培，如日光温室，可采用去老土换新土的办法控制土传病害。换去耕层表土，用无毒表土补充。

此外，在保护地休闲期还可种植大葱、韭菜、大蒜控制病害。这些作物的根圈能产生抗菌微生物和分泌物，对病菌能起到抑制作用，从而防止多种蔬菜病害。用大葱、韭菜、大蒜同蔬菜等作物间作、混作或轮作，能有效地阻止病原菌的繁殖，土壤中已有病原菌的密度下降，从而达到消毒土壤的目的。

73. 什么是辣椒全生育期病害防治大处方？

(1)辣椒全生育期病害防治大处方的特点 ①植株健壮，长势好。一年一大茬的越冬辣椒，6月中下旬接近拔园时，还长得郁郁葱葱，叶色油绿，中下部功能叶片有的干枯，但黄叶极少，无明显病斑，无死棵现象。据菜农讲，这些辣椒管理无须特别精细，但收获期很长，采收期延长20天。②产量高，商品性好。根据大处方用药，至少比对照棚增产10%以上。表现为果实均匀周正，果形好，颜色新，光泽度高，残、次、畸形果不到3%。③绿色产品，安全可靠。④成本低廉，用着划算。经大量棚室和菜农调查，用大处方生产一季蔬菜，每667平方米用药成本为150～200元，而按常规用药一般需花费400～560元，每667平方米节省农药费用275元。

(2)大处方构成 深冬高温大棚辣椒、甜椒病害防治大处方(10月份至翌年5月份)，注意要从移栽缓苗后开始施药。

第一步：喷施75%达科宁(百菌清)可湿性粉剂500倍液1次，7～10天1次。

第二步：喷10%世高水分散粒剂1 500倍液1次，10天1次。

第三步:喷25%阿米西达悬浮剂1 500倍液1次,20～30天1次。

第四步:喷2.5%适乐时悬浮剂1 500倍液1次,10天1次。

第五步:喷25%阿米西达悬浮剂1 500倍液1次,20～30天1次。

第六步:喷40%施佳乐悬浮剂1 200倍液1次,10天1次。

第七步:喷75%达科宁可湿性粉剂500倍液1次,7～10天1次。

第八步:喷25%阿米西达悬浮剂1 500倍液1次,20天1次。

第九步:喷68%金雷多米尔水分散粒剂500倍液1次,7～10天1次。

第十步:喷25%阿米西达悬浮剂1 500倍液1次,20天1次。

第十一步:喷75%达科宁可湿性粉剂600～800倍液1次,直至收获结束。

(3)注意事项　①遇连续阴雨天气,请及时加入防治细菌性病害的药剂一起喷洒。②土传病害导致死棵,可用适乐时加金雷连续灌根2次。③防治蚜虫、蓟马、白粉虱,可用阿克泰喷雾或灌根,有效期达20天以上。④此处方不是防治病毒病的处方。

74. 阿米西达(Amistar)有什么功效?如何施用?

(1)阿米西达的特点　①源于自然,具有高度的安全性。热带雨林中的一种蘑菇,存有天然杀菌活性物质,可杀死同一环境中的多种真菌，自身健壮生长。先正达公司的科研部门对该天然物质进行了研究，研制出仿生合成杀菌剂（甲氧基丙烯酸酯）——阿米西达用于农业生产，取得了巨大成功，为此获得了英国女王奖。②杀菌谱广，可防治各类真菌病害。引起植物真菌病害的病原菌有五大类，即鞭毛菌、子囊菌、担子菌、半知菌和接合菌。一般治疗型杀菌剂往往只对其中一类或二三类有效。阿米西达同时对五类真菌具有杀菌活性，一药防多病，是阿米西达的突出特点。③作用独特，具有全程防护作用。阿米西达作用于真菌的线粒体，不同于其他杀菌剂，无交互抗性，特别适合于防治已对其他杀菌剂产生抗性的病害。阿米西达为内吸性杀菌剂，可杀死作物体内外病菌；病害发生前可阻止病害侵入，病害侵入后可内吸进入植物体内清除病菌；病害发生后，可减少病菌粒子产生，减少再次侵染。④持效期长，可节省成本。阿米西达持效期明显长于其他杀菌剂，在一般年份，作物一生使用 3～4 次即可防治多种病害，大大减少用药次数，减少农药用量、省工省时省钱，降低农药残留量，特别适合无公害蔬菜生产。⑤增产显著，回报率高。阿米西达具有调节作物生长作用，增强作物长势，增强抗逆能力；促进生长，提高品质，提早上市，延迟作物早衰，延长结果期，增加总产量。

（2）使用技术　①使用原则。病害发生前使用，作物生长旺盛期使用，同其他杀菌剂交替使用，在技术人员指导下使用。②使用时间。作物苗期（移栽前后）、花期、结果期使用效果最好。如病害已发生，可先用其他治疗型杀菌剂对症治疗，病害被控制后再使用阿米西达。③使用次数。作物整个生长期最多使用 3～4 次，不得过多使用，以免产生抗性，降低效果。④使用浓度。用 1 500 倍液均匀喷雾，不得随意增减浓度。⑤交替用药。如气候特别有利于病害发生时，可选用相应杀菌剂对症治疗，与阿米西达交替用药。对低等真菌病害霜霉病、疫病等，可用金雷治疗；对高等真菌病害炭疽病、白粉病、叶斑病等，可用世高治疗。

(3)注意事项 ①限量使用。一季施用 2～3 次；长季节栽培不得超过 4 次，以免病菌过早产生抗药性，而降低防治效果。②早期使用。病害发生前使用比病害发生后才使用效果显著，在病害发生初期喷药是保证阿米西达使用效果的关键。③单独使用。不推荐同任何药剂或叶面肥混用，特别是不得同乳油类农药混用，以免出现不良后果。④科学使用。喷施要选择晴天上午，不要在下午或连阴天用药，避免产生不良反应；苗床用药要先试验后用药，不得重复喷雾，建议幼苗在 3 片真叶后喷施。阿米西达可用于喷雾、灌根和移栽前蘸苗盘等。

75. 怎样科学使用防虫网？

随着害虫抗药性的增强，防治难度越来越大。如棚室白粉虱、蚜虫活动猖獗，发育期短，农药的频繁施用使其抗药性不断增强，目前这些害虫已经对 50 多种杀虫剂产生了抗药性，其中包括对过去被认为不易产生抗性的昆虫生长调节剂和微生物杀虫剂 Bt。害虫抗药性的增强导致农药的施用浓度和用量不断增加，农药污染问题日益严重。在此情况下，积极应用防虫网阻隔防虫，不失为一种简便高效的办法。用防虫网防虫是一种物理防治方法，就是通过构建人工隔离屏障，将害虫拒之门外。用防虫网覆盖后，完全可以实现其生育期内不喷施或少喷施杀虫剂的目的。用防虫网覆盖后栽培辣椒等蔬菜，可有效地防止害虫传播病毒。

防虫网阻隔防虫技术的突出特点是不受地域、栽培方式、气候条件等因素的限制，防治效果在90%左右，具有显著的经济效益。同时，使用防虫网后不会污染环境和农产品，不会使害虫产生抗药性，可生产出绿色食品蔬菜，具有显著的生态和社会效益。

防虫网是以高密度聚乙烯为主要原料并添加抗紫外线、防老化等助剂，经过一定的机械加工工艺编织而成的网纱，具有耐拉强度大、抗热、耐水、耐腐蚀、耐老化、抗紫外线、无毒无味、废弃物易处理等优点。其架设方式主要有3种：一是浮面覆盖。即在夏秋季蔬菜播种或定植后将防虫网直接覆盖在地面或作物上，待苗期或定植苗成活后揭除。二是拱棚覆盖。根据拱棚大小将防虫网直接覆盖在拱架上，这是一种全封闭的覆盖方式。三是大棚顶部通风口处和大棚裙围处要全封闭覆盖，做到既通风降温又防虫。此外，还可采用日光温室春、夏、秋季局部覆盖，即前帷覆盖和棚顶部放风口处覆盖，四周扯紧固定，不留空隙，防虫对象主要是白粉虱、蚜虫、叶蝉等。

拱棚覆盖防虫网每667平方米成本在2 000元左右，使用寿命为5年左右，年均费用约为400元，扣除农药和喷药等成本费用，实际年增加费用200元。而覆盖防虫网栽培的增收则远大于所增加的费用。

使用防虫网应注意两点：一是必须在辣椒等蔬菜全生育期覆盖。二是选择适宜的规格标准网。若防治对象为棉铃虫、银纹夜蛾、小菜蛾等形体较大的害虫，可选用20～25目的防虫网；若防治对象为斑潜蝇、温室白粉虱、蚜虫等形体较小的害虫，宜选用40～50目的防虫网。三是温室覆盖防虫网前要对棚内进行消毒，以杀灭棚内土壤寄存的虫卵。四是妥善保存防虫网，使用结束后应及时洗净放置在阴凉处，以延长其使用年限。

76. 什么是保护地粉尘施药新法？

粉尘法施药技术是将药剂及其辅料加工成极细的超微粉粒，通过喷粉的方法使超微农药粉粒在保护地内形成飘尘，利用粉尘的“飘翔作用”和“布朗运动”，使药剂在保护地内蔬菜植株上产生多向均匀沉积。

(1)主要优点 ①防效明显。分布均匀，黏着性好。粉尘飘逸时间长，药粒可在植株各个部位沉积，还能向植株隐蔽处扩散分布，即使保护地密闭不严，也不影响防治效果。同时，操作方便，省工、省时、省药。喷粉不需加水，不受水源限制，喷撒时间短，且用药间隔时间长，用药少，农药的利用率较高。②改善了小气候。常规喷雾法用水量大，增加了保护地内空气湿度，为病菌的侵染创造了有利条件，导致病害越来越重，尤其遇到连阴天时，防治极为不便。利用烟雾剂熏蒸法，药剂在高温下易分解而降低药效，并且在燃烧过程中产生有害气体，不利于辣椒等蔬菜生长。而粉尘法既不增加棚内湿度，而且对保护地密闭条件要求不严，在防病治虫的同时创造适宜的环境条件，有利于蔬菜健壮生长。

(2)药剂选择 常见的粉尘药剂有以下几种：①5%百菌清粉尘。用于防治霜霉病、炭疽病、疫病等。②5%霜霉清粉尘。用于防治霜霉病、猝倒病及疫病等。③6.5%甲霜灵粉尘。用于防治灰霉病、叶霉病及炭疽病等。④10%防霉灵粉尘。用于防治霜霉病、疫病等。⑤12%克炭灵粉尘。用于防治炭疽病等。⑥12%得益粉尘。用于防治灰霉病、叶霉病、疫病等。⑦10%乙滴粉尘。用于防治细菌性病害。⑧5%灭蚜粉尘。用于防治蚜虫、白粉虱等害虫。

(3)**操作要领** ①药械准备。采用国产丰收5型或丰收10型喷粉器，将各种粉尘按其标准用量装入药箱，调节排粉量为200克/分钟。②关闭风口。喷药前先将保护地的通风口闭合，并关闭一端的门。③日光温室内的喷药。喷药人员站在温室北侧的走道上，背向温室北墙，从北边开始，向南喷撒，随植株高矮不同而上下摆动喷粉管。用丰收5型喷粉器时，转速要达到35转/分钟；用丰收10型喷粉器时，转速要达到50转/分钟，使喷粉管口产生足够的风力，将药粉充分吹散。④大棚内的喷药。施药人员站在棚中间的走道上，从大棚的里端开始喷粉，让喷粉管左右匀速摆动，向门口退着走，一直退至出口处，最后关严门。

(4)**注意事项** ①必须使用粉尘制剂，不能用可湿性粉剂代替粉尘剂使用。②必须使用喷粉器施药，不能用其他器械代替。③喷粉器及粉尘剂必须保持干燥，不能使用潮湿或结块药剂。④喷药时间最好在傍晚，既可提高防治效果，又不影响棚内的农事劳动。阴雨天可全天喷药，喷后要密闭2小时以上。⑤喷粉后3天内不可再喷雾，以免冲掉药剂粉粒而降低药效。⑥一般在发病前或发病初期开始喷药，以后每隔7～10天喷1次，视病情发生情况连续喷药2～3次。

77. 冬季温室大棚怎样用烟剂防治病害?

在冬季棚室辣椒上使用烟雾剂防治病害有其独特的效果，特别是在阴雨天病害流行期间防治效果更加明显。

(1)**烟剂的特点** 采用烟剂进行熏烟防治，不需机械，使用方便，省工省时，操作者点燃烟剂即可离开。烟剂的烟雾能弥漫棚室内各个角落，消毒灭菌效果彻底而均匀，而且一般不会使病害产生抗药性，避免了常规农药喷雾的浪费。

(2)**剂型的选择** 防治时应根据不同病害选择适宜的烟剂。例如在棚室定植前,可用百菌清烟剂进行前期消毒灭菌;发生灰霉病时,可用速克灵烟剂防治;如果是同时发生多种病害,则用复合烟剂进行防治。目前,生产上适用的烟剂主要有硫黄、百菌清和速克灵3种。速克灵主要用于防治灰霉病,硫黄和百菌清对各种病害都有不同程度的效果。硫黄用于防治白粉病,百菌清用于防治霜霉病、早疫病、黑斑病等效果更为明显。

(3)**使用方法及注意事项** ①使用条件。烟剂是以烟雾为载体而达到施药目的,所以在大棚使用烟剂时要关闭好棚面,补好漏洞,使烟雾剂不能逸出。②用药的时间。烟剂是一种保护性杀菌剂,须在发病初期或发病前使用。用烟剂时间在傍晚盖草帘后点燃为宜,以阴天、雪天傍晚点燃烟剂灭病效果更佳。这是因为在日光照射下,植物表层温度均同于烟雾颗粒温度,烟雾不易沉积反而影响药效。③燃放点的确定。烟剂的有效成分含量较高的(10%~30%),为防止燃放点附近因长时间高浓度烟雾熏蒸而造成药害,燃放点可少些,每667平方米设3~5个点即可;烟剂有效成分含量低的,为达到防病效果,每667平方米燃放点应增加到5个以上;比较矮小的棚室,宜选用有效成分含量低(10%,15%)的烟剂,燃放点可适当增加,一般每667平方米设燃放点7~10个;高度低于1.2米的小棚,不宜使用烟剂,或用量缩减,否则容易造成药害。④施药剂量。剂量应根据大棚空间大小、病虫害发生程度及烟剂的有效含量而定。一般情况下,常见烟剂一次用量为每667平方米200~400克。当前,普遍使用的烟雾剂产品主要有45%百菌清烟剂、10%速克灵烟剂、15%多菌灵烟剂、22%敌敌畏(防治虫害用)烟剂等。如防治大棚辣椒霜霉病、疫病等，可选用45%百菌清烟剂，每667平方米用药200～250克。防治白粉病，可用硫黄粉与锯末混拌自制，每667平方米用硫黄粉250克，锯末500克，用适量锯末吸附后放在瓦片上，按要求放在燃放点熏烟，使用烟剂一般每隔8～10天施1次，连施2次，效果良好。病害严重的大棚或封闭较差的棚室可适当增加剂量。⑤施用方法。烟剂要根据需要合理布放，并用铁丝、砖石等做支架，将烟剂置于离地面20～25厘米的高处，燃放时应从棚室内由里向外，按顺序用暗火如蚊香、香烟头等点燃，最后点燃棚口的烟剂，全部点燃后，要立即离开大棚，迅速闭严大棚过夜。翌日早晨打开大棚通风口通风，通风结束后方可进棚作业。

78. 怎样实行多种措施并举防治温室白粉虱？

温室白粉虱主要以成虫和幼虫群集在叶背吸食植物汁液，使叶片褪绿变黄，萎蔫枯死。此外，白粉虱还可以传播病毒病。温室白粉虱具有寄主范围广、繁殖快、传播途径多、虫体小、世代重叠、抗药性强的特点，一旦发生不易控制。在冬春季保护地辣椒上，白粉虱抗药性增强，日趋成为温室第一大害虫，已成为种植者的心头大患，应认真做好综合防治。

在白粉虱发生初期即每株有成虫2～3头时及时用药，尤其掌握在点、片发生阶段及时防治。喷药时间最好在浇水未干时进行，否则由于白粉虱翅膀干燥，便于飞翔，不易喷到虫体上。

(1)喷雾防治　①白粉虱发生初期用10%吡虫啉400～600倍液，或10%扑虱灵乳油1 000倍液，或25%扑虱灵乳油1 500倍液喷雾，能杀死卵、若虫和成虫，当虫量较多时可在药液中加入少量拟除虫菊酯类杀虫剂。一般每5～7天喷1次，连喷2～3次。②选用25%灭螨猛乳油1000倍液，50%克蚜宁乳油1500倍液，2.5%天王星乳油2000倍液，21%灭杀毙3000倍液，每隔5～7天喷1次，连喷3～4次。③喷洒90%万灵可湿性粉剂2000倍＋10%吡虫啉水分散性粉剂2000倍＋消抗液400倍混合液，利用万灵的速杀性弥补吡虫啉的迟效，用吡虫啉药效长弥补万灵药效短的缺点。如加入消抗液可进一步提高药效，可杀死各种虫态的白粉虱。每隔5～7天喷1次，连喷2～3次，可获得满意效果。对上述药剂产生抗药性的害虫，可用25%阿克泰水分散粒剂3000倍液，与天王星、爱福丁、功夫、哒螨酮混用，持效期可达15天左右，并能兼治蚜虫、潜叶蝇、蓟马等。

(2)**熏蒸防治** 保护地每667平方米可用蚜虱烟剂350～400克闭棚点燃，熏烟后闷棚一夜，间隔5～7天后再熏蒸，连熏2～3次，最好熏蒸后1～2天喷雾1次。

(3)**灌根防治** 用阿克泰水分散粒剂8～10包(1包2克)对1桶水(15升)，移栽前蘸苗盘或灌根，3天后定植，防治白粉虱有效期可达1个月，并有壮根、健苗、促长的效果。

(4)**农艺措施** 保护地辣椒育苗或定植时，要清除菜田内的残株和杂草，及时熏杀和喷杀残余成虫；苗床上或温室通风口设置40目的防虫网，防止外来虫源进入。及时防治棚室以外杂草和作物上的白粉虱，减少虫源基数。

(5)**在温室内设置黄板诱杀白粉虱成虫** 因白粉虱对黄色有强烈趋性，每667平方米设置35块黄板，黄板上涂抹一层10号机油加少许黄油调匀的混合油，置于行间与植株等高处。一般每7～10天重涂1次。

79. 如何防治棚室叶螨、潜叶蝇、蚜虫和蓟马？

(1)叶螨　俗称红蜘蛛或白蜘蛛。该虫以口针刺吸辣椒茎、叶、果，常造成植株生长受阻，叶片和果实畸形、变灰白色或褐色，长势衰弱、枝叶干枯，落花落果，严重影响辣椒的产量和品质。常见的叶螨种类有朱砂叶螨、截形叶螨、茶黄螨、二斑叶螨等。不同种类的叶螨寄主范围、为害特点、生活习性均不相同。

防治叶螨的方法：喷施10%浏阳霉素1500倍液或2.5%联苯菊酯(天王星)2000倍液，可兼防食叶害虫、蚜虫和粉虱。叶螨发生较严重时，可喷施5%尼索朗2000倍加1.8%阿维菌素3000倍混合液，可兼治多种害虫；也可喷20%哒螨酮2000倍液，可兼防蚜虫、粉虱和蓟马。

(2)斑潜蝇　有很多种类，其中为害严重的有美洲斑潜蝇和拉美斑潜蝇。这两种斑潜蝇都能在成虫期刺食叶片并产卵，造成叶片生小白点；卵在孵化后变为幼虫，在叶片表皮下蛀食叶肉，造成弯曲的虫道，叶绿素被严重破坏，影响光合作用，常造成叶片枯死或幼苗干枯，严重影响辣椒的产量和品质。

防治斑潜蝇的方法：一是设防虫网，防止斑潜蝇成虫飞入棚中或苗床育苗室产卵，可兼防其他多种害虫。二是设黄板诱杀成虫。三是叶面喷洒40%灭蝇胺(潜克)4000倍液或1.8%阿维菌素4000倍液，最有防治效果。用灭幼脲或氟虫脲2000倍液喷雾也有很好的效果。还可释放潜蝇姬小蜂；喷0.5%川楝素800倍液，或20%阿维杀单1500倍液，或10%除尽1000倍液均有效。

(3)蚜虫　蚜虫成虫和若虫在嫩茎、嫩梢或叶背面用口针吸汁液为害。当嫩叶和生长点被害后，由于叶背被刺伤，生长缓慢，叶片卷缩，严重时卷曲成团，生长停止，甚至萎蔫死亡。蚜虫还排泄蜜露，造成叶面上有一层污斑，降低光合作用。更为严重的是蚜虫是病毒病的主要传毒媒介。

防治蚜虫的方法：清洁田园，清除杂草，减少越冬虫源；利用纱网育苗，阻挡蚜虫侵入为害。适期早播，减轻危害。保护地每667平方米可用杀蚜烟剂400～500克，分散放4～5堆，用暗火点燃密闭3小时，杀蚜效果在90%以上。也可采用吡虫啉类杀虫剂，如20%氰戊菊酯3000～4000倍液，20%灭扫利乳油2000倍液，2.5%功夫乳油4000倍液，2.5%天王星乳油3000倍液等喷雾防治。

(4)蓟马　蓟马体形小，多集中在蔬菜幼嫩部分为害，常被菜农忽视。蓟马锉吸蔬菜的嫩梢、嫩叶和幼嫩瓜果的汁液。被害嫩叶、嫩梢变硬缩小，茸毛变灰褐色或黑褐色，节间缩短，生长缓慢。幼果受害后硬化，茸毛变黑褐色，表皮褐变或木栓化，有的畸形，也常使辣椒生长慢或造成落花落果，严重影响产量和品质。

根据蓟马繁殖快、易成灾的特点，要特别注意以预防为主，综合防治。一是地膜覆盖，能使虫口率大大降低。二是喷用10%吡虫啉3000倍液或5%氟虫腈（锐劲特）2000倍液。蓟马发生严重时，这两种药剂均可混加2%氟丙菊酯1500倍液，连喷2～3次。三是利用蓟马的天敌小花蝽进行防治。

80. 广谱性生物化学杀虫剂阿克泰有何功效？如何使用？

阿克泰是一种活性优异、类似于新烟碱类化合物的杀虫剂，是第一个成功开发的第二代新烟碱类杀虫剂。它能被植物快速吸收并被木质部迁移，因而具有天然的内吸性，当应用于土壤或种子处理时，该药剂被根部或萌发的苗快速吸收，并且迁移到子叶和叶部，通过木质部输送向顶端传导。它在植物体内的降解缓慢，延长了控制害虫的时间，持效期可达1个月左右。试验证明，与吡虫啉无交互抗性。

阿克泰的功效突出：一是其有效成分干扰昆虫体内神经的传导作用，其作用方式是模仿乙酰胆碱，刺激受体蛋白，而这种模仿的乙酰胆碱又不会被乙酰胆碱酯酶所降解，使昆虫一直处于高度兴奋中，直到死亡。二是能有效防治鳞翅目、鞘翅目、缨翅目尤其是同翅目害虫，具有触杀、胃毒和内吸性，其持效性长。三是用量少、杀虫谱广，毒性低，对环境安全，能有效防治大部分作物上的刺吸式口器及咀嚼式口器害虫，包括许多鳞翅目害虫。

大量田间试验证明，因阿克泰属新烟碱类化合物，对于刺激作物生长具有很强的活性，通过灌根或蘸根可刺激根系生长发育，根重明显增加，茎秆增粗、叶片增大，对培育壮苗具有良好的效果，可提高作物的抗病性和抗逆性，可促进作物品质改善，产量增加。

阿克泰由先正达(农化)有限公司生产，剂型为25%水分散粒剂及25%悬浮剂。在辣椒上的防治对象为白粉虱、烟粉虱、蓟马、叶蝉、潜叶蝇等，可用25%水分散粒剂2 500～5 000倍液喷雾，或每667平方米用25%悬浮剂10～20克喷雾，即每桶水(15升)对药水2～4包(1包2克)。阿克泰还可用于辣椒灌根或灌苗钵，浓度为750～1 500倍液(即每桶水15升对药水8～10包)。

施用阿克泰须注意的事项：①阿克泰在施药以后，害虫接触药剂后立即停止取食活动，但死亡速度较慢，死虫高峰通常在2～3天出现。②阿克泰是新一代杀虫剂，其作用机制完全不同于现有的杀虫剂,无交互抗性问题。因此,对抗性蚜虫、飞虱防治效果特别优异。③可与阿维菌素、功夫、扑虱灵、天王星、哒螨酮等混用,以增强杀伤力和杀灭速度。

五、生理障碍防治

81. 日光温室土壤积盐的原因是什么？如何改良？

日光温室内作物生长期长，需肥量较大，菜农为争取高产，盲目增施化肥，经过多年的化肥积累，往往导致积盐发生。

化肥施入土壤以后，一部分被作物吸收，一般利用率在20%左右；大部分随水流失或被土壤固定，可占总施肥量的80%左右。据中国农业大学寿光科研组的研究证明，随水冲施尿素3天以后，1米以下的土壤水分含氮量增加80%以上，也就说明大部分尿素已经流失。被土壤固定的部分易生成盐酸盐结晶物，被化肥污染的地下水矿化度高，易产生返盐现象。

被土壤固定的盐和地下水上行导致的返盐，造成了土壤的积盐现象。具体表现为：地表出现白色的结晶物，特别在土层干旱和大棚休闲期易发生。个别严重的地块出现青霉和红霉，应视为磷、钾过剩所孳生的微生物，据此可判定土壤积盐的状况。

据土壤科研部门的测定，日光温室土壤中的大、中量元素的施用量普遍超标，氮、磷、钾的超标一般都在3倍以上。超标部分绝大多数已被土壤固定，形成了难以被作物吸收的矿化物。但是，超标和严重超标的菜田，并不说明不增施化肥就能满足作物的生长需要。

土壤积盐能造成作物的生长发育不良，首先是根系发育不好，辣椒新根少，生长迟缓，老根及根基锈红色，因为土壤盐分浓度过高，根压低于土壤溶液压力，根系细胞液倒流入土壤，失水导致根系萎缩不长或者死亡。植株瘦弱矮小，叶片墨绿、色暗淡，坐果性差，易落花落果，畸形果多。更为严重的是植株原来的抗病性、抗逆性降低，易感染土传病害，容易发生死棵。

改良土壤积盐的措施：①深耕灌水洗盐。温室蔬菜收获后，利用休闲期深耕整平，做成大畦后放大水浇灌 1～2 次，如果能利用地下管道排水更好。②种植吸盐作物。利用休闲阶段，种植苜蓿、绿豆、大豆或玉米，为不延误下茬蔬菜种植，这些作物可作为牲畜的青饲料及时拔除。③增施有机肥料。每 667 平方米可增施牛、马粪若干立方米。也可把作物秸秆铡碎撒施深翻于土壤中，每 667 平方米施用 1 000 千克为宜。如果施用草炭或稻壳、麦壳 10 立方米以上，效果更好。可配合基施优质猪肥或鸡粪 10 立方米以上。④增酸压碱。土壤 pH 超过 7.5 以上时，每 667 平方米土壤随水冲施醋酸溶液(食醋)10 升左右，也可随水冲施磷酸铜 2～3 千克。以上改良盐渍化土壤的措施，要因地制宜，可根据实际情况分别实施，也可综合运用。

82. 保护地地表土结皮、不渗水的原因是什么？如何预防？

(1)土壤结皮、渗水慢的表现 大棚土壤表层形成片块状、土壤黏重、透气性差、渗水慢，土壤团粒结构遭到严重破坏。这种情况多出现在种植多年或使用推土机新建造的蔬菜大棚，这是土壤板结严重的表现。

(2)发生原因 ①过量施用化肥。科学合理的施用化肥能提高蔬菜等农作物的产量，改善农产品的品质，但过量施用化肥，不仅不利于改善作物品质，而且还破坏土壤的团粒结构，造成土壤板结，使土壤表层形成板、块状结皮，影响土壤的通透性、透水性，渗水缓慢，有时造成大棚土壤发生次生盐渍化。这种情况多出现在种植多年的老棚。②使用推土机筑墙体的新建大棚，推土机把熟土层(即耕层)推到墙体上，而留下的耕作土壤为原来的生土层，土壤中有机质含量较低，土壤多为柱状或块状结构，而团粒结构含量很少，土壤非常黏重，通气、透水性极差，不利于蔬菜根系的生长发育；土壤缓冲能力弱，已造成盐分积累，发生次生盐渍化。③优质有机肥投入量少，改良土壤、培肥地力的土壤有机质含量不高，更新缓慢。④大水漫灌或沟灌，破坏了灌溉行土壤团粒结构，土壤板结，通气、透水性能变坏。⑤蔬菜定植后，进行整枝、打杈、点花、喷药、施肥、采收等农事操作时，行间土壤被踩压、踏实，造成土壤板结。

(3)**预防方法** ①增施优质有机肥料。有机肥料的施用应当切实注意有机质的含量问题，因为只有高有机质含量的有机肥料，才具有培肥地力、改良土壤的效果，而含氮量高的有机肥料改良土壤效果不十分明显。如鸡粪，含氮量较高，在土壤中分解较快，但培肥地力、改良土壤的效果较差。②实行秸秆还田。秸秆包括麦穰、麦糠、粉碎的玉米秸等，都是目前较好的有机肥资源，其有机质含量高，改土效果非常明显。一般在作物定植前20～30天，每667平方米使用1 000千克左右的秸秆，灌足水，盖上地膜，盖严大棚薄膜、闷棚，既具有良好的改良土壤的效果，还能有效地消除大棚土壤的次生盐渍化，而且投资少、见效快。③积极推广使用高效土壤改良剂——松土精。松土精是英国汽巴净化水处理有限公司采用国际尖端科学技术生产的高科技、高效土壤改良剂。它能有效地增加土壤团粒结构，消除土壤板结，使土壤渗水、保肥、保水能力大大增强；提高土壤的通气性，促进土壤有益微生物的生长发育，提高肥料利用率，减少土传病害的发生，使蔬菜根系粗大、增产效果明显，在冬、春低温季节施用表现尤为突出。据测定，每667平方米使用松土精500～1 000克，改良效果明显，可做基施、冲施肥施用。

83. 保护地土壤恶化的表现及原因是什么？如何治理？

(1)土壤恶化的表现及原因 ①土壤变板结。由于大量施用化肥，忽视有机肥的施用，土壤肥力出现某些衰退，有机质匮乏。透气性降低，需氧性的微生物活性下降，土壤熟化慢、造成土壤板结、辣椒根系发育不良，影响辣椒生长。②盐渍化加重。过量施用化肥后，土壤中盐离子增多，pH值升高。使土壤盐渍化加重，妨碍根系正常吸水，影响植株生长。③微量元素缺乏。多年连作的辣椒，吸收土壤中的锌、硼、钼、铜、锰等微量元素，致使土壤中微量元素日渐减少，因此严重缺少微量元素，影响辣椒的生长发育。再者，由于微量元素的使用不合理，造成即便使用了一些微量元素，但仍表现出缺素症。④活土层变浅。辣椒多实行茬茬相扣间作套种，翻地较浅，导致耕作层逐年变浅。⑤病虫害积累。连作使病菌、害虫在土壤中积累增多，危害加重，根系因而受害腐烂，甚至全株枯死。由于病虫害严重、农药使用量增加，造成蔬菜污染。

(2)土壤恶化的治理方法 ①轮作换茬。一块地里不要年年季季种植一种蔬菜品种，可进行轮作换茬种植另一类蔬菜品种，这样可减少病虫害发生，减轻毒素的毒害作用。②增施有机肥或生物菌肥。如施用百奥、金满田、肥田生等，可改善土壤团粒结构、增强土壤透气性和保水、保肥、蓄热能力，使土壤疏松肥沃，缓解土壤盐渍化，促进蔬菜根系发育，提高其抗病抗虫能力。③适当休闲。保护地种植多年以后，可以把握季节，适当休闲，如利用冬季休闲时进行深翻晒土冻土，消灭病虫源，恢复地力。④施用微肥做基肥或根外追肥，以补充土壤中含量不足。施做基肥的锌肥（硫酸锌）每667平方米施1～1.5千克，硼肥（硼砂）0.3～0.5千克，钼肥（钼酸铵）0.1～0.2千克，铜肥（硫酸铜）1～2千克，锰肥（硫酸锰）2～3千克；施做根外追肥的硫酸锌浓度为0.05%～0.2%，硼砂浓度为0.1%～0.25%，钼酸铵浓度为0.02%～0.05%，硫酸锰浓度为0.1%～0.2%。⑤深翻土地。在每茬蔬菜种植时，利用间隔时间进行深翻土壤（以深翻30厘米以上为宜），以增厚熟土层，增强土壤蓄水保肥能力。

84. 如何识别和防治辣椒营养元素缺乏症？

(1)缺 氮 症

【主要症状】 植株发育不良，叶片黄化，黄化从叶脉间扩展到全叶，从下部叶向上部叶扩展，整个植株较矮小。开花节位上升，出现靠近顶端开花现象。生长初期缺氮，辣椒基本上停止生长，严重时会出现落花落果现象。

【发生原因】 前茬施有机肥和氮肥少，在土壤中氮素含量低的情况下易发生；施用作物秸秆或未腐熟的有机肥太多时容易发生；沙土、砂壤土的阳离子代换量小，容易发生缺氮。

【防治措施】 应及时追施氮肥，每667平方米可施尿素7.5～10千克，或用1%～2%尿素水溶液进行叶面喷肥，每隔7天左右喷1次，共喷2～3次。

(2)缺 磷 症

【主要症状】 生长初期植株生长缓慢但没有黄化现象，生长中后期叶表现为叶色深绿，表面不平整，植株下部叶片的叶脉发红。易形成短柱花，结果晚，果实小，成熟晚，产量低。

有时绿色果面上出现紫色斑块，斑块没有固定的形状，大小不一。一个果实上的紫斑少则一块，多则几块，严重时，甚至半个果实表面布满紫斑。

【发生原因】 土壤呈酸性，在土壤紧实情况下易发生缺磷症；低温会严重影响磷的吸收，故温度低时也会缺磷。早春或越冬栽培番茄往往容易引起缺磷。

【防治措施】 及时追施磷肥，每667平方米可施过磷酸钙10～15千克，或用2%～4%过磷酸钙水溶液进行叶面喷肥，每隔7天左右喷1次，共喷2～3次。

(3)缺 钾 症

【主要症状】 生育初期失绿由叶缘开始发生，以后向叶肉扩展。在生育的旺盛期靠近中部叶的叶尖端开始变淡黄绿色，严重时下部叶变黄枯死，大量落叶，果实畸形，膨大受阻，坐果率低，产量下降。

【发生原因】 土壤中钾含量低，特别是沙土或砂壤土往往易缺钾。在生育盛期，果实发育需钾多，此时如果供钾不充足就容易发生缺钾症状。日照不足，温度低时易发生缺钾，地温低时番茄对钾的吸收减弱，容易发生缺钾。

【防治措施】 施用足够的钾肥做基肥；出现缺钾症状时，应立即追施硫酸钾等速效肥。亦可进行叶面喷施1%～2%磷酸二氢钾水溶液2～3次。

(4)缺 钙 症

【主要症状】 顶部叶生长不正，下部叶正常。距生长点近的幼叶周围变为褐色，有部分枯死，也有部分叶片中肋突起。果实易形成脐腐。

【发生原因】 土壤盐基含量低、酸化，土壤供钙不足，尤其是沙性较大的土壤易缺钙；在盐渍化土壤上，虽然土壤含钙量较多，但因土壤可溶盐类浓度高，根系对钙的吸收受阻也会发生缺钙的生理障碍；施用铵态氮肥过多时也容易发生；土壤干燥时易出现缺钙症状；当施用钾肥特别是连续冲施高钾复合肥过多时会出现缺钙情况；空气湿度低，连续高温时容易发生。

【防治措施】 增施有机肥，控制化肥用量；对因土壤溶液浓度过高而引起根系吸收障碍的，可喷施0.3%～0.5%氯化钙和硝酸钙肥料，一般每隔7天左右喷1次，连喷2～3次。

(5)缺镁症

【主要症状】 一般是从下部叶开始发生，在果实膨大盛期靠果实近的叶片先发生。一开始是叶片灰绿，叶脉间淡黄化变成黄色。黄化先是从叶中部开始，以后慢慢扩展到整个叶片，但有时叶缘仍为绿色。一株辣椒上所结的果实越多，缺镁现象越严重。植株矮小，坐果率低。一旦缺镁，光合作用下降，产量低。

【发生原因】 土壤本身缺镁，造成土壤供镁不足；气候条件造成缺镁；在保护地栽培条件下，主要是干旱和强光造成缺镁，因为干旱减少了辣椒植株对镁的吸收，夏季强光会加重缺镁症，可能是强光破坏了叶绿素，加速叶片褪绿；施肥不当，过量施用钾肥和铵态氮肥会诱发缺镁，过量的钾、铵离子破坏了养分的平衡，抑制了植株对镁的吸收。近年来，过量冲施高钾高氮肥也是造成缺镁的原因之一。

【防治措施】 及时灌溉，保持土壤湿润；施用硫酸镁等镁肥，每667平方米施用量为10～20千克；控制氮、钾肥用量；用1%～2%硫酸镁溶液在症状激化前喷洒，每隔5～7天喷1次，共喷3～5次。

(6)缺硼症

【主要症状】 辣椒缺硼时，叶色发黄，心叶生长慢，植株呈萎缩状态，叶柄和叶脉硬化、易折断，上部叶扭曲畸形，茎内侧有褐色木栓状龟裂；根木质部变黑腐烂，根系生长差，花期延迟，并造成花而不实，花蕾易脱落，影响产量；果实表面有木栓状龟裂，易出根毛。

【发生原因】 土壤酸化，硼素被淋失掉，或施用过量石灰均易引起缺硼；土壤干燥，有机肥施用少容易发生缺硼；施用钾肥过量时也容易发生缺硼。

【防治措施】 施硼砂做基肥，每 667 平方米施用量为 0.5～2 千克；喷施时一般用 0.1%～0.2%硼砂或硼酸溶液；增施有机肥料，防止施氮过量。

(7)缺 铁 症

【主要症状】 新叶除叶脉外均变成淡绿色，在腋芽上也长出叶脉间淡绿色的叶。下部叶发生缺铁症的少，往往发生在新叶上。

【发生原因】 土壤含磷多、pH 很高时易发生缺铁；由于磷肥用量太多，影响了辣椒对铁的吸收，也容易发生缺铁；当土壤过干、过湿、低温时，根的活力受到影响也会发生缺铁。

【防治措施】 出现缺铁症状，可用浓度为0.05%～0.1%硫酸亚铁水溶液对辣椒喷施，或用 100 毫克/千克柠檬酸铁水溶液喷施，每 5～7 天喷 1 次，共喷 2～3 次。

(8)缺 锌 症

【主要症状】 从中部叶开始褪色，与健康叶比较，叶脉清晰可见；随着叶脉间逐渐褪色，叶缘从黄化到变成褐色；因叶缘枯死，叶片向外侧稍微卷曲或皱缩；生长点附近的节间缩短，小叶丛生。

【发生原因】 光照过强易发生缺锌，如越夏或秋延迟栽培辣椒在未覆盖遮阳网的情况下，往往很容易发生缺锌现象；

土壤中含磷量过高，造成植株吸收磷过多，植株即使吸收了锌，也表现缺锌症状。

【防治措施】 可用0.1%～0.5%硫酸锌溶液做叶面喷施。

85. 怎样识别和防治辣椒光闪秧症？

【主要症状】 连阴天后放晴，中午高温通风后叶片凋萎，叶肉褪绿，正面呈黄绿色花叶，背面无明显症状。

【发生原因】 辣椒根茎木质化程度高，组织细密，水分养分渗透压小，不耐旱；连阴天时根系萎缩，放晴后吸收力弱，光照强、温度高、植株蒸腾水分量大，大通风会造成脱水，引起缺钙、硼、锰、铁等而闪秧。

【防治方法】 阴天，应揭开草苫让苗见光；阴天转晴、光照强烈时，盖部分草苫形成花阴影，使植株慢慢适应后，逐渐增加光照度和见光量；出现叶凋后，及时遮阳降温，切勿揭膜通风，先喷清水，后喷多元素营养液解症。

86. 怎样识别和防治辣椒皱叶症？

【主要症状】 叶面鲜绿发黄，心叶生长慢，叶缘上卷，叶肉凸起，叶脉下凹，皱缩不平；根木质部变黑；花期延迟，花而不实。

【发生原因】 因前半夜温度过低（15℃以下）引起的缺硼症。

【防治方法】 白天在叶面上喷硼砂700倍液或含硼多元素肥。将前半夜室温尽可能提高到20℃，下半夜保持在15℃，使光合作用产物及营养正常运转，经2～3天叶片即可恢复平展。

87. 辣椒发生黄叶的原因及解决方法是什么？

早春茬辣椒黄叶多为生理性病害，主要是由于田间管理不当所致。

(1)浇水过大导致的黄叶　天气好转，辣椒进入正常生长阶段。有的菜农为了促棵，一次性浇水过大，导致土壤中缺氧，毛细根死亡或受伤，使得水分和养分供应不足，造成辣椒顶部嫩叶呈浅黄萎蔫，老叶暗黄。另外，浇水量过大导致铁、锌元素供应不足，或土壤中缺乏铁、锌，也会导致顶叶发黄。

解决办法：浇水应根据辣椒不同生育期的需求和土壤墒情进行，要求是浇小水，而不能大水漫灌。因浇水过大出现黄叶后，及时中耕划锄，以降低土壤湿度，并及时喷施含铁、含锌的叶肥加以解决。

(2)土壤过干导致的黄叶　受连续阴雨雪天气的影响，栽植偏早的辣椒由于前期温度低而不能及时浇水，导致下部老叶片逐渐向上干黄、卷曲。

解决办法：天气好转后，及时浇水保证辣椒生长所需的水分，但浇水不宜过大，否则毛细根受伤会引起新叶发黄。

(3)施肥过量引起的黄叶　正常老叶肥厚、富有光泽，叶色墨绿，大量施肥后叶背面皱缩凸起，叶片不舒展，老叶逐渐脱落，新叶严重时曲卷闭合，全株叶变黄脱落。其原因是施肥量过大。

解决办法：及时浇水稀释肥料浓度，结合灌施生根剂。

(4)气害引起的黄叶　由于大量施用畜禽粪肥或人粪尿，特别是未经充分腐熟的粪肥，加上冲施肥过多和施用氮肥，氮素在转化为硝态氮过程中，能释放出大量氨气和硫化氢气体，由于肥害烧根或有毒气体中毒，均能使叶片迅速变黄。

解决办法：施用充分腐熟的人、畜、禽粪肥；冲施肥“少吃多餐”，不宜一次用量过大；通风次数和时间要增多。另外，辣椒黄叶还可能是由药害或病害等原因引起的，但不论是哪种原因，发生黄叶后在结合对症解决的同时，叶面喷施细胞分裂素 300 倍液混加爱多收 6 000 倍液，都有促进叶片由黄转绿的效果。

88. 如何解决辣椒非病害侵染引起的落花落果？

(1)温度引起的落花　温度过高或过低均会导致花器官在发育过程中形成缺陷而引起落花。其控制措施：一是控制花期温度。辣椒日温控制在 25℃～30℃，夜温在 15℃～20℃。二是使用激素保花保果。目前使用 2,4-D 和防落素由于浓度和温度很难掌握，极易造成作物发生中毒，生产上一般采用 30 毫克/千克萘乙酸（即 5%的萘乙酸，每 15 升水对 5 毫升）加助壮素 750 倍混合液喷雾，控制生长和保花保果效果较好。全树果是一种由芸薹素内酯和赤霉素混配的药剂，可用来补充作物内源激素的不足，在环境条件不良的情况下调节作物养分的分配部位，用全树果 2 000 倍液在花蕾期或盛果期喷施，保花保果效果良好。在温度低时，使用激素的浓度要高些；温度高时，使用浓度要低，以免形成畸形果。

(2)营养失调引起的落花落果　在花芽分化期，氮素肥料施用过多，容易产生落花落果；定植后蹲苗期如营养过多，易造成植株徒长，落花落果率增大。其控制措施：减少氮肥的使用，调控植株营养生长与生殖生长的平衡。

(3)水分不当引起的落花落果　水分过多或过少均会造成落花落果。其控制措施：第一花序坐果前，一般情况下不浇水，但应中耕 1～2 次；开花结果期，土壤湿度要保持在田间最大持水量的75%以上，但要注意控制空气相对湿度，使其保持在60%左右即可，不要过大。

(4)**光照不足引起的落花落果**　花期若遇到连阴雨天或是植株本身种植密度过大互相遮荫，光合作用减弱，雄蕊萎缩，花粉发芽率大大降低，因而引起大量落花。其防治措施：一是要经常打扫棚膜上的灰尘，增强薄膜透光性；二是适时整枝打杈，以免植株间互相遮荫；三是喷施增强光合作用的叶肥。

89. 辣椒果实发生日灼病是什么原因？怎样防治？

【主要症状】　阳光灼烧果实表皮细胞，引起水分代谢失调，造成果实向阳面呈灰白色或微黄色。

【发生原因】　①引起日灼的根本原因是叶片遮荫不好，植株株型不好。②土壤缺水，天气过度干热，雨后暴晴，土壤黏重，低洼积水等均可引起日灼。③植株因水分蒸腾不平衡，引起涝性干旱等因素均可诱发日灼。④在病毒病发生较重的田块，因疫病等引起死株较多的地块，过度稀植等，日烧病尤为严重。⑤钙素在辣椒水分代谢中起重要作用。土壤中钙质淋溶损失较大；施氮过多，引起钙质吸收障碍等生理因素，也和日烧病的发生有一定的关系。

【防治措施】　①合理灌水。结果盛期以后，应小水勤灌，上午浇水，避免下午浇水。特别是黏性土壤，应防止浇水过多而造成缺氧性干旱。②根外施肥。结果期喷施0.1%硝酸钙水溶液，或硫酸铜1 000倍液，或硫酸钠1 000倍液，每10天左右喷1次，连喷2～3次。③越夏栽培时使用黑色遮阳网，以减弱强光。

90. 甜椒果实蒂腐是什么原因？怎样防治？

【症　状】 甜椒在生长发育期常发生蒂腐果。在甜椒果实脐部附近发生，沿果筋向上扩展。果实表皮发黑，逐渐成水浸状病斑，边缘呈褐色，病斑中部呈革质化、扁平状。线尖椒多发生在脐下部，致使果实弯曲；甜椒每条筋染病后连成片向果柄处扩展。有的果实在病健交界处开始变红，提前成熟。

【发生原因】 甜椒蒂腐果与番茄蒂腐果一样，都是缺钙引起的。高温、干燥、多肥、多钾等原因，均会使钙的吸收受到抑制，产生蒂腐果。植株生长能吸收到充足的钙，但植株营养生长过旺，钙都被分配到叶芽中，果实中只分配到少量的钙，在这种情况下也会产生蒂腐病。发生蒂腐果主要有 3 个原因：①土壤水分供应失调。土壤水分经常处于激烈的变动状态，生长期植株对水分和养分的需求量不是很大，无明显症状。进入结果期，外界气温明显升高，连续数天的干燥，使叶片蒸腾加剧，且果实迅速膨大需要大量的水分和养分，这时水分和养分的供应失调致使果实脐部周围细胞生理紊乱，组织发生病变。这是初夏辣椒发生大量蒂腐果的主要原因。②土壤中钙素含量不足。定植时有机肥不足，同时未施钙肥，只注重生长期偏施氮肥，导致生长后期从土壤中吸收的钙素不能满足果实发育的需要。从钙在植物体内的生理作用考虑，钙能促进硝态氮的吸收和利用，在植株体内形成蛋白质；钙还能中和呼吸作用形成的有机酸，加强细胞间结合。植株缺钙，将使果实脐部周围细胞生理紊乱。③土壤干旱影响钙素吸收。土壤中含钙充足，同时氮素营养也能保持相对平衡，但是由于土壤干旱影响了根系对钙的吸收，从而导致植株暂时性缺钙。从钙的吸收分配情况看，植株根系吸收的水分向上部运输不仅依靠叶片的蒸腾作用，而且依靠植株根压引起的溢流作用。果实几乎不进行蒸腾作用，植株根系吸收的钙由于蒸腾作用而移动，首先集中在老叶，其次是嫩叶、顶芽，最后进入果实。因此进入果实顶部的钙量很少，果实中钙的含量只有叶的1/10左右。

【防治措施】 土壤要适于根系的发育，扎根深，才能很好地吸收钙；多施有机肥，使钙处于容易被吸收的状态；定植辣椒时，带坨移植，不伤根，以免影响水分和养分的吸收；适时摘心，促进生殖生长，避免植株徒长，使钙更多地转入果实内；植株不要留果过多，避免果实之间对钙的竞争；果实膨大期为防止土壤温度过高，可在地面铺麦秸、稻草或覆盖塑料薄膜；进入结果期后，每 7 天喷 1 次 0.1%～0.3%氯化钙或硝酸钙水溶液，连喷 2～3 次。也可连续喷施绿芬威 3 号等含钙叶面肥。

91. 怎样防止辣椒低温危害？

当气温低于辣椒生长的温度下限时，就会产生冷害和冻害。

【症　状】 ①叶片受害。这是轻度受害的一种表现。如果在幼苗子叶期受害，子叶叶缘失绿，有镶白边现象。温度恢复正常不会影响真叶的正常生长。秧苗定植后遇到短期低温，或冷风侵袭，植株部分叶片边缘受冻，呈暗绿色，逐渐干枯。②根系受害。秧苗定植后连续阴天，气温较低，同时地温低于正常生长发育的温度，就能导致辣椒根系受害。辣椒为喜温作物，遇低温后不能增生新根，而且部分老根发黄而逐渐死亡，这就是沤根。当天气骤然转晴温度上升，植株会出现萎蔫现象，以后虽然能缓慢地恢复生长，但生长速度远不如未受低温影响的植株。③生长点受害。这是较严重的冻害，往往是顶芽受冻，或者是大部分嫩叶受冻。顶芽受冻往往是定植后不久受寒流影响所致；天气转暖后植株如果不能恢复正常生长，必须另行补苗。④花、果实受害。辣椒的开花期如遇低温天气，会造成落花落果。辣椒开花、授粉、受精对温度要求严格。温度低于15℃，特别是冬季凌晨棚室内最低气温在10℃以下数小时，将会严重影响授粉效果。有的虽然已经授粉，但温度低，花粉管不能伸长，达不到受精的目的，因此造成大量落花落果。在低温条件下，有些植株虽然可以结果，但多数都长成畸形果，降低了商品价值。

【防治方法】①苗期进行低温锻炼。这种锻炼在种子催芽期间就应开始。一种方法是：始温应稍低一些，逐渐提高到各类辣椒种子的发芽适温，到幼芽萌发后再降温，这样幼芽既粗壮又获得了锻炼；另一种方法是：将萌动的种子，在胚根还未露出种皮时，放在2℃条件下处理2～5小时后再用冷水缓冻后重新催芽。处理过程中要保证种子湿润，透气。处理后的种子出芽粗壮，出苗整齐，根系发达，茎秆粗硬，耐寒性强。秧苗生长期的温度应在正常适温下限，以防止秧苗徒长。一般辣椒白天温度不要超过25℃，夜间为10℃，大温差育苗可提高秧苗的抗逆性。在分苗和定植前两天开始对苗床加强通风，对秧苗进行低温锻炼。②选择定植时间。冬春季选择阴冷天气刚过、晴暖天气刚开始时进行定植，以利于定植后经过几个好天就能迅速缓苗，可提高抗逆性。③采取综合措施保温。在室外设置稻草或草苫子等进行防寒，在室内设天幕，扣小拱棚，地膜覆盖，以及在后墙挂反光幕；加厚墙体，特别是后坡；棚前挖防寒沟；通过挖掘棚土筑墙，形成半地下式栽培方式；特别是大棚草帘外覆盖塑膜，既要保温又要防止雨雪浸湿草帘。

92. 如何识别和防治辣椒药害？

【症　状】 辣椒药害的发生有多种症状，常见的症状主要有斑点、黄化、畸形、枯萎、生长停滞等情况。斑点主要发生在叶片上，有时也发生在茎秆或果实表皮上，常见的有褐斑、黄斑、网斑等。黄化主要发生在辣椒的茎叶部位，以叶片居多。由药害引起的畸形可发生在辣椒茎叶、果实和根部，常见的有卷叶、丛生、肿根、果实畸形等。药害引起的枯萎往往是整株都有症状，一般是由除草剂施用不当造成的。过量使用三唑类农药往往表现为植株受到抑制，缩头、叶片畸形变小，菜农常误以为是病毒病。激素中毒，多为保花保果施用防落素或坐果灵、2，4-D 不当引起，有的为了控长或促长使用赤霉素、助壮素、爱多收等，主要表现为叶片卷缩、丛生或呈柳叶状。施用巴丹（杀螟丹）类，含有敌敌畏的熏烟剂杀虫时，使用次数多时，可导致叶片逐渐黄化。

【发生原因】 一是误用了不对症的农药。二是施用农药浓度过大或者连续重复施药。三是在高温或高湿条件下施药。四是施用了劣质农药。五是土壤施药不够均匀。六是连阴天喷施农药。

【防治方法】 ①喷水冲洗。若是叶片和植株因喷洒药液而引起药害，可在早期药液尚未完全渗透或被吸收时，迅速用大量清水喷洒叶片，反复冲洗 3～4 次，尽量把植株表面的药液冲刷掉，并配合中耕松土，促进根系发育，使植株迅速恢复正常生长。②追施速效肥料。产生药害后，要及时浇水并追施尿素等速效肥料。此外，可叶面喷施 1%～2%尿素或 0.3%磷酸二氢钾溶液，以促使植株生长，提高自身抵抗药害的能力。③施用解毒剂或植物生长调节剂。根据引发药害的农药性质,采用与其性质相反的药物中和。例如,喷施硫酸铜过量后可喷施0.5%生石灰水;喷施三唑类剂产生药害,或喷激素类药物中毒后,要以细胞分裂素或赤霉素作为解毒剂,剂量以20~30毫克/千克为宜,通常以1毫升赤霉素加1毫升细胞分裂素对1桶水(15升)即可。另外,使用全树果或芸薹素内酯600倍液喷雾,效果也比较理想。④及时摘除蔬菜受害的果实、枝条、叶片,防止植株体内的药剂继续传导和渗透。

93. 如何识别和预防保护地辣椒氨气危害?

【症 状】 棚栽辣椒对氨气较为敏感,辣椒受害叶片初期呈水浸状,以后逐渐褪为淡褐色。幼芽生长点萎蔫,呈黑色。严重时叶缘焦枯,全株生理失水、干缩而死。危害过程是先下部叶片后至上部叶片,先叶缘后至全叶。有时在棚内点、片发生,有时全棚植株均遭危害。

【发生原因】 氨气危害的途径是,从叶片气孔、水孔进入,在蔬菜体内发生碱性危害,造成生理障碍。其发生原因:一是施用了过量的尿素、碳酸氢铵、硫酸铵等氮素肥料;二是施用了没有充分腐熟的人粪尿、禽畜肥、厩肥等有机肥料;三是在棚内发酵饼肥或者鸡粪等肥料;四是追肥时撒施肥料在地面;五是施肥不够均匀,有的是氨气直接挥发危害,有的是间接产生氨气危害,有的是逐渐释放氨气危害,有的是骤雨高温集中诱发氨气危害。据测定,当空气中的氨气浓度达0.1%~0.8%时,或棚内浓度达5毫克/立方米时,辣椒很快出现危害症状。

【预防措施】 针对氨气致使蔬菜中毒的原因,总结寿光各地的成功经验,在预防措施上,主要应抓好以下7点:一是要施用充分腐熟的堆肥、厩肥和人粪尿，杜绝新鲜粪肥入棚。二是要施用高含土壤改良剂和活性物质的精制有机复合肥做基肥或追肥。三是要注意不能过量施用氨肥，特别是尿素，每667平方米每次不宜超过30千克，并要配施磷、钾肥。四是要均匀施肥，防止局部施肥过量产生点、片危害。五是不能随意在棚内进行有机肥的发酵。六是要随时检测大棚内空气中氨气的浓度，当棚膜上水珠的pH值达8.2时，说明棚内蒸汽呈碱性，应立即打开棚膜通风。七是当蔬菜出现轻度危害时，可喷施绿芬威、高盛、志信叶面肥，也可喷施芸薹素内酯或爱多收溶液。

94. 保护地辣椒徒长的原因和防治措施是什么?

【发生原因】 辣椒定植后易发生徒长，表现为植株或茎秆细长，叶片大而肥厚，花蕾、花朵瘦弱，不结果；或茎秆细，茎节突出，叶片薄而色淡，花蕾、花朵瘦弱，落花落果。一般中晚熟品种易徒长。春季保护地辣椒徒长的原因主要是土壤过湿，相对湿度80%以上，氮肥偏多，或者连续阴雨天气，空气相对湿度经常高于80%以上，光照不足，定植过密，或通风透气不良。保护地内栽培辣椒，第一个门椒往往坐不住，就是高温高湿所致。

【防治措施】 ①早做定植准备、培育壮苗。在定植前10～30天做好整地、施基肥、覆盖棚室顶膜和在裙边、大棚四周开沟排水等准备工作，使秧苗定植时棚内湿度较低、温度较高，以利于缓苗。②适时定植，防止病虫害。目前，辣椒多为小苗栽培，一般不断根，所以其缓苗快。当辣椒为5～6叶1心定植时，与以往大苗(7～8片真叶)栽培有一定的区别。定植缓苗后，每隔10天左右可喷洒1次达科宁或阿米西达等药剂防止病害发生。③及时通风，适时整枝。植株缓苗后，在保持一定温度下，要大胆通风，降低棚内湿度。当夜间外界最低温度不低于15℃时，昼夜都要通风。进入夏季高温阶段，可适当采用遮阳网遮荫降温。在植株生长中后期要适时适量整枝打叶，使通风透光良好，避免田间郁闭而使植株徒长。④控制肥水。在基肥使用充足的情况下，一般在开花坐果前不再施肥浇水，特别是采用了地膜覆盖的。在门椒坐稳后，视情况适量浇水施肥。施肥时，应控制氮肥的施用量，以防氮素过多，造成植株旺长。在开花坐果期，要协调好作物营养生长与生殖生长的平衡关系，防止营养生长过量而坐果不良，并用生长调节剂适当控制营养生长。⑤对已发生徒长的植株，可以喷施助壮素750倍液或矮壮素1 500倍液进行控制；对于旺长导致落花落果比较严重的，可以混加40毫克/千克萘乙酸溶液喷施1～2次。

95. 保护地甜椒"空秧"的原因及预防措施是什么？

保护地甜椒与露地甜椒相比较，具有高产、采果期长等优点。但是，如果管理不善，特别是棚内温、湿度管理不当，则往往形成"空秧"，导致减产。

(1)形成空秧的原因　甜椒形成空秧的根本原因是棚内经常高温、高湿。其中最主要的原因有二：一是缓苗期过长。缓苗期一般为6～7天，在此期间要求密封大棚，不能通风，棚温维持在30℃～35℃，夜间还要在棚的四周加盖草帘保温、防冻，以加速缓苗。但如果缓苗期过长，则大棚内高温、高湿持续时间延长，容易引起植株在"假活"的状态下发生徒长现象。二是通风不及时。缓苗后要及时通风，使棚温降低至28℃～30℃，之后每当棚温高于30℃就要通风降温。否则，棚内温度高，土壤水分蒸发加快，植株蒸腾作用加强，棚内相对湿度将大大超过60%，第一个门椒就难以坐住，而一旦第一个果坐不住，养分就会集中到枝和叶片的生长中去，更加剧了植株的徒长，造成恶性循环，最后形成空秧。

(2)**预防对策** 针对空秧形成的原因，采取以下相应的预防措施：一是定植后，要严密封闭大棚，夜间加盖草帘，以促进缓苗。二是缓苗后，在保持一定温度的条件下，要大胆通风，以降低棚内湿度。初期保持28℃～30℃的棚温，以后慢慢降低棚温标准，到开花坐果期，保持20℃～25℃即可。待外界最低温度不低于15℃时，昼夜均须进行通风，这样甜椒植株生长矮壮，节间短，坐果也多。三是要加强水肥管理。甜椒叶片较小，水分蒸腾量不大，在定植时，浇水不要过多，缓苗后至门椒采收前，一般不轻易浇水；否则，容易造成落花落果。待第一层果实开始收获时，要加强浇水、施肥，多追施有机肥，增施磷、钾肥，以利于甜椒丰产和提高果实品质。

96. 如何防止辣椒早衰？

辣椒早衰的症状为：植株瘦弱矮小，叶片小而稀疏，叶色暗淡无光泽，果实成熟晚、产量低，严重的可使植株过早死亡。早衰主要是水肥后劲不足，有机营养不良，管理粗放，病虫危害和果实坠秧造成的。防止早衰的措施如下。

(1)**适时整枝疏果** 整枝摘心的主要作用是防止徒长、减少养分过多地消耗和促进植株多结果。实践证明，对辣椒进行合理整枝，可以显著提高其产量。其操作方法是：待第一批辣椒采摘完毕后（此时辣椒秧已处于歇枝阶段），要将靠近基部生长的4条大枝以上长出的8个枝条剪掉。与此同时，还要加强水肥管理，这样不仅能减少养分消耗过多，而且还会使靠近基部生长的4条大枝通风透光良好、减少落花烂果现象并可提高辣椒产量。甜椒应及时摘除门椒和对椒，每株保留4个结果枝，多余的主枝要剪除。

(2)**摘除老叶、黄叶** 要及时摘除植株下部的老叶、枯叶和病叶，以防止田间郁闭。这样，不仅可以减少植株的营养消耗，又可防止植株过早衰老。

(3)**及早采收** 提倡早收果实，这样既可减少养分消耗，又可防止植株过早衰老。

(4)**及时追肥** 这是为植株的生长发育提供充足的养分，防止植株衰老的关键。追肥的最佳时期在果实采收后，一般可结合灌水追施腐熟人粪尿或氮肥、磷肥3～4次。每667平方米可追施硫酸钾复合肥20千克左右，但需要将化肥溶解于水中追施，不宜刨坑追施，以免伤害辣椒的根系。

(5)**灌水降温** 在炎热的夏季，可根据天气和土壤墒情适当进行灌水，灌溉时应浇小水，以防止冲刷垄的基部而伤害植株根系。

(6)**防病治虫** 对白粉虱、蚜虫、叶螨、潜叶蝇，可用阿克泰2 000倍液混加哒螨酮或天王星或阿维菌素1 000～1 500倍液喷雾防治。对疫病，可用阿米西达1 500倍液或金雷多米尔1 000倍液防治。对炭疽病、白粉病，可用世高1 000倍液喷施。对菌核病和灰霉病，可用施佳乐或农利灵1 000～1 500倍液防治，发病严重的可混加世高1 000倍液，防治效果良好。

97. 如何减少棚室甜椒的畸形果？

【症 状】 畸形果是种植甜椒过程中发生较多的问题之一。主要表现为果实生长不正常，长得像柿饼或蟠桃。或果实呈扁圆形或呈无规则形状，里面几乎无种子，或种子发育不良。

【发生原因】 畸形果是一种生理病害，主要是由于甜椒在花芽分化或开花时遇上恶劣的天气条件，如温度过高或过低，甜椒的花芽分化不良，或甜椒的花受精不良，或者是本来就没有发育完全引起的。一般来说，越冬种植的甜椒，如果种植过早，秋季坐不住果的情况较多，冬季及春季出现畸形果的概率较大。

【预防方法】 目前对防止畸形果还没有理想的办法，但采取预防措施，可明显减少甜椒畸形果的出现。其预防方法如下：①注意温度控制。秋季在甜椒开花坐果时，温度不宜过高，如果大棚内的温度超过 35℃或 32℃连续 2 小时以上，甜椒就会出现授粉或受精不良的情况。春节前后要注意避免大棚内的气温及地温过低，影响甜椒坐果。冲施沃达丰菌物生态复合肥及丰产宝等生物肥，可促进春节前后甜椒正常坐果。②注意补肥。甜椒缺乏硼、钙等元素会导致畸形果，因此要经常注意喷洒含有硼、钙等元素的叶面肥或营养平衡剂，如叶面喷洒绿芬威 3 号以及硼酸或硼砂等。减少氮肥的施用量，增加钾肥，如磷酸二氢钾、硫酸钾等的施用量，及时喷洒甲壳素或海力等营养平衡剂，以利于坐果。③注意控制植株长势。植株生长过旺，出现畸形果的概率会增大，可通过喷洒生长调节剂或进行整枝打杈等方式保证甜椒果实的正常生长。如果甜椒坐不住果，可能会导致植株生长过旺，可喷洒助壮素和通过温度调控来保证植株的正常长势，以利于果实生长。

六、栽培新模式

98. 什么是温室辣椒、菜豆立体栽培模式？

为了合理利用温室的空间结构，以辣椒种植为主，在温室的走道、前柱、中柱上栽植菜豆，不仅不会影响辣椒的产量，而且增加了农民的经济收入。每 667 平方米温室产辣椒 4 000～5 000 千克，收入 1.1 万～1.2 万元；菜豆每 667 平方米产 700～800 千克，收入 1 500～2 000 元，其经济效益比单种辣椒高出 15%～20%。

(1)**品种选择** 辣椒选择抗病、高产优质品种，如长剑、寿光羊角黄等品种；菜豆选择绿龙、老来少、丰收 2 号等品种。

(2)**培育壮苗** 辣椒在 12 月下旬育苗，采取苗床育苗，在具 2～3 片真叶时进行分苗。播种前，将种子用 10%磷酸三钠水溶液浸种 20～30 分钟后，用清水将药液冲干净，在常温水中继续浸泡 20 小时左右后，洗净进行催芽，在 30%～50%种子露白时进行播种。播种后白天温度保持在 25℃～28℃，地温 20℃左右。出苗后、分苗前，白天温度保持在 23℃～25℃，夜间保持在 15℃～17℃。分苗、缓苗期白天温度保持 28℃～30℃，夜间保持 15℃～17℃，土温 20℃；缓苗后白天温度保持 20℃～25℃，夜间保持 15℃～17℃。定植前 5～6 天进行低温炼苗。

菜豆育苗在辣椒计划定植前 15～20 天，采用 5 厘米×5 厘米营养钵育苗，每次播 2～3 粒种，然后盖 3～4 厘米的营养土，浇透水即可。

(3)**适时定植** ①栽植时期。辣椒苗龄在 60～70 天，有

8～10 片真叶时定植；菜豆苗龄在 15～20 天，有 2 片真叶时即可定植。②栽植前的准备。一是温室消毒。前茬作物收获后，将残株杂草清除干净，每平方米温室空间用硫黄 4 克，80%敌敌畏 0.1 克和锯末 8 克混匀后点燃封闭熏蒸一昼夜，再打开通风口大放风。二是整地施基肥，开沟起垄。每 667 平方米温室施腐熟有机肥 7 000～8 000 千克，土壤杀菌剂 5 千克均匀撒在温室内，然后深翻 25～30 厘米，整碎耙平并开沟起垄，垄距 1.2 米，垄面宽 70～80 厘米，垄高必须达40～50 厘米，整平即可进行栽植。三是栽植。选择晴天上午，在垄面上按穴距 30～35 厘米挖定植穴，采取一垄双行，三角形定植，每 667 平方米温室栽辣椒 3 300～4 000 株。菜豆在走道上，穴距 25 厘米左右，每穴栽 2 株；在每根前柱、中柱栽 3 穴，每穴 2 株。每 667 平方米温室立体种植菜豆 650～700 穴，1 300～1 500 株，栽植后浇透水。

（4）**栽植后的管理** ①铺地膜。缓苗后在垄上盖上地膜，并在有椒苗、菜豆的地方打洞，放出辣椒、菜豆。②温湿度管理。定植后为促使缓苗，一般不放风，白天温度保持在28℃～32℃，夜间保持 18℃～20℃；开花结果期白天保持 25℃～30℃，夜间保持 15℃～18℃，地温 18℃～20℃。白天温室内相对湿度保持在 60%～70%，夜间保持 70%～75%，根据不同情况进行昼夜通风。③肥水管理。定植后 3 天浇缓苗水，当门椒坐住后，每 667 平方米温室随水追施尿素 10 千克，磷酸二铵 15 千克。进入盛果期后，每隔 10 天浇水追肥 1 次。每 667 平方米温室每次用尿素 10 千克或磷酸二铵 15 千克或膨果钾肥 5 千克，在随水追施中交替使用。为防止植株早衰，中后期用 0.3%磷酸二氢钾溶液进行叶面喷施。④整枝和喷矮壮素。辣椒门椒以下的侧芽全部抹除。全生育期喷矮壮素

2 次。第一次在 80%～90%开花时喷施，间隔 10 天左右喷第二次。

99. 什么是日光温室青椒、苦瓜间作高产栽培技术模式？

如何使日光温室蔬菜高产高效是广大农民关心的问题。寿光市洛城街道推广的青椒、苦瓜间作高产栽培模式，平均每 667 平方米产苦瓜 1 200 千克，青椒 3 250 千克，每 667 平方米收入在 3 万元以上。该模式的主要优点是：前期苦瓜苗期长不影响青椒的生长，后期（5 月份以后）又可利用苦瓜为青椒遮荫。后期撤棚膜以后，大棚骨架又成为苦瓜的支架，而且能够充分利用日光温室夏季高温的闲置期，提高了对光能、土地和日光温室的利用率，效益显著。

（1）品种选择 青椒选用耐寒抗病品种，如长剑、寿光羊角黄等；苦瓜宜选用主蔓结瓜节位低、丰产优质的抗病品种，如寿光短绿苦瓜、云南大白苦瓜等。

（2）培育壮苗 ①种子处理。一是青椒。选用 10%磷酸三钠或 0.1%高锰酸钾浸种 20～30 分钟，然后用 30℃温水浸泡 5～6 小时，让种子充分吸水，捞出后用纱布包好，在 30℃下催芽，经 5～6 天出齐芽。二是苦瓜。由于苦瓜种皮坚硬，先用 55℃热水浸种 10～20 分钟，然后置 30℃温水中浸泡 24 小时，捞出后用纱布包好，在 30℃下催芽，经 6～8 天可发芽。②播种育苗。一是营养土配制。取腐熟圈肥 1 份、鸡粪 1 份、疏松田园土 2 份混合过筛后，每立方米加三元复合肥 1～1.5 千克，并按 1∶1 比例加少量多菌灵和福美双，对土壤进行消毒。防苗期猝倒病和立枯病，再加少量敌百虫或辛硫磷拌沙后均匀撒在营养土中，以防止地下害虫。二是播种。营养土配好后，在棚外做成宽 80 厘米的畦，整平畦面，铺一层细沙，再将配好的营养土厚约10厘米铺在畦面上，不能太松或太实，浇透水待播。苦瓜的育苗畦一般切成8厘米×8厘米的方块，将发芽的种子点播在营养土块的中央。青椒种子拌沙后均匀撒在畦面上，覆土1～1.5厘米厚，喷透水。然后搭上小拱棚，温度保持在28℃～30℃，3～4天即可出土。出苗后通风降温，温度控制在25℃～26℃，湿度为50%左右。防止徒长。青椒的播种期在10月上旬，苦瓜的播种期在11月上中旬。当苦瓜第一片真叶展开、第二片真叶露尖时，喷施1次20～40毫克/千克赤霉素，以加大雌花的比例，降低第一雌花节位，使早期产量增加20%～40%，提早采收7～10天。三是分苗。当青椒幼苗长至2～3片真叶时需要分苗。分苗畦也需用同样的营养土，划成12厘米×12厘米的营养土块，将苗移栽于营养土块的中央，浇透水后加盖拱棚。中午光照强时需适当遮荫，缓苗后去除遮荫物。白天温度控制在25℃～26℃，夜间控制在15℃，此时可用0.2%～0.5%磷酸二氢钾溶液喷幼苗，使苗健壮。定植前1周，降温炼苗，白天保持20℃，夜间保持10℃，控制地上部生长，促进根系发育，增强幼苗的抗逆性。

（3）定植　当青椒长至9～10片叶、苦瓜苗长出4片真叶时即可定植。定植前每667平方米棚内先施有机肥5 000～6 000千克，过磷酸钙50千克左右，高效硼、镁肥1.5～2千克，然后将多菌灵粉剂2千克均匀撒于棚内地表，再用50%辛硫磷1 000倍液喷洒地面，深翻30厘米，整平耙细。种植规格是每隔3.2米留一苦瓜间作行，行宽1米，株距40厘米。两行苦瓜之间按株距55厘米起垄，垄高20厘米，种4行青椒，株距38～40厘米，带营养土块移植。移栽后覆上薄膜，并浇透缓苗水。

青椒定植后至苦瓜甩蔓前一般不浇水不施肥，做好划锄、保水、增温工作。并用绳将苦瓜和青椒进行吊秧，防止结果期倒伏，提高坐果率。花期注意降温降湿，防止大量落花。为提高坐果率，可用15～20毫克/千克2,4-D液蘸花柄处理，当门椒和对椒坐住后，可结合浇水冲施腐熟鸡粪或人粪尿，或者在距苗10厘米处开沟施饼粕，每株施0.1千克，施后覆土浇水，以后每隔15天左右喷药、施肥、浇水1次。当门椒、对椒达到商品果实要求时及时采收，防止因坠秧而影响上部果实的生长。为减少养分消耗，青椒每次摘果后把下部老叶和畸形果适当疏除，以利于通风透光和保花保果。3月份以后，随着气温的回升，逐渐加大通风排湿，可开后窗，甚至可以通"地风"。当外界温度最高达30℃以上时，可把棚前裙膜撩开大通风或将整个棚膜撤掉。

当苦瓜雌花开放后，应选择晴天9时前采摘盛开的雄花进行人工授粉，以提高坐果率。苦瓜分枝力强，因此要注意整枝。其具体做法是：首先保持主蔓的生长，将主蔓0.6～1.5米以下的侧蔓全部去掉，主蔓伸长到一定高度后，留下2～3个健壮的侧蔓与主蔓一起上棚架。其后再生出的侧蔓，有瓜即留蔓，并在瓜后留1片叶打顶；无瓜则将分枝从基部剪掉。

(4)收获 苦瓜的采收期一般在开花后15天左右。即瓜肩瘤状粒粗，瘤沟变浅，前端变平滑，皮色有光泽时采收。苦瓜的采收期很长，一般从3月下旬至10月中旬都可采收。青椒的采收可根据成熟度和市场行情决定，一般在开花后35～40天，果实长足，果肉变厚，果皮变硬有光泽，果色变深时为最佳采收期，此时果实最重，耐挤压，耐贮运。

(5)病虫害防治 苦瓜的主要病害有白粉病、炭疽病和褐斑病。青椒的主要病害有疫病、炭疽病和灰霉病。可在发病初期喷洒甲基托布津、百菌清、杀毒矾、代森锰锌和多菌灵等，交替使用，杀菌效果更好。苦瓜的虫害主要有蚜虫和白粉虱，可用蚜螨虫威、灭扫利或功夫乳油进行防治。

100. 什么是日光温室彩椒、西芹栽培技术模式？

(1)秋冬茬彩椒　品种应以转色型为主，这样在春节前可供应市场优质青椒，避免春节后市场彩椒滞销带来的经济损失。目前，多使用以色列、荷兰进口的种子，前者彩椒品种生产周期略长于荷兰品种。为缩短生长周期一般可选用荷兰进口品种。

为保证春节前彩椒上市，彩椒可在7月下旬播种。此期气温高，应以遮荫管理为主。育苗选用8厘米×6厘米的营养钵，营养土配制比例为园田土1份，充分腐熟羊粪1份，河沙1份，均匀过筛。每个营养钵播种子1粒，覆盖1厘米厚的河沙，浇透水，同时在营养钵表面覆盖草帘降温保湿。一般播后7～10天即可出土。出土后撤去草帘，棚外覆盖遮荫网，防止光照过强，棚内日温保持25℃～30℃，夜温保持20℃～25℃，一般苗龄30天即可定植。

定植地整地时，每667平方米施优质腐熟农家肥8 000千克，三元复合肥50～60千克，将肥料与表土混匀后做马鞍形双垄的畦。垄高15～20厘米，带距1～1.2米，覆膜。水稳苗定植(即定植穴先浇水后栽苗)，定植水需配成敌克松500倍液，以起到杀菌和促进彩椒发根等作用。栽后第二天或第三天沟浇大水，以保证水分供应。定植后15～20天暗沟浇水1次，防止结果前缺水影响彩椒生长。待门椒长至鸡蛋大小时浇水，并每667平方米追施三元复合肥20～30千克，尿素3～5千克；结果后每20天每667平方米随水追施三元复合肥 10～15 千克。生长期内每 20 天左右叶面喷施微肥 1 次，如稀土、钾宝、盖宝、绿肥威等。

采用双干整枝的每株留 2 个主秆，同时每个主秆上留 1 个分支；如采用三干整枝的留 3 个主秆，每个主秆上留 1 个分枝。不论双干整枝还是三干整枝，每个主秆都必须用 1 条架绳牵引以防止倒伏。

彩椒开花后须选用沈农 2 号蘸花保果。高温时每袋沈农 2 号（8 毫升）对水 0.8 升，低温时每袋对水 0.5 升。

防治病害可用百菌清、加瑞农、大生 M-45、速克灵、农用链霉素等药剂，防治真菌及细菌性病害可用植病灵、病毒快克等。苗期用代森锰锌、雷多米尔、抗枯宁等防治猝倒病和枯萎病；用菊酯类农药防治菜青虫；用齐螨素、灭幼脲 3 号、卡死克等防治小菜蛾；用阿克泰等防治蚜虫、白粉虱；如出现大龄幼虫须进行人工捕捉，一般捕捉 1～2 次即可。

冬季彩椒一般在翌年 1 月份开始转色，以采收彩椒为主，春节前彩椒转色完成的均以彩椒销售。采后每个彩椒用纸包装，分级装箱以利于长途运输；春节后彩椒一般滞销，销售以青椒为主，即不等转色立即采收销售。

（2）春茬西芹　可选用进口的文图拉、加州王品种。播种时期为 1 月下旬，采用 288 孔穴盘育苗，每 667 平方米用种 30～50 克。穴盘营养土配比为：草炭 5 份，蛭石 3 份，珍珠岩 2 份。每 1 000 千克营养土用三元复合肥 1～1.5 千克，对水，待复合肥化净浇在营养土上过筛装盘，播种、覆土、浇水，然后在穴盘上覆盖草帘，保湿保温，12～15 天即可出苗。出苗后揭去草帘，日温保持 20℃～25℃，夜温保持 13℃～15℃。苗龄 40～50 天，苗高 5～8 厘米，具 4～5 片真叶，叶色深绿时即可定植。定植方式为平畦栽培和起垄栽培。整地每 667 平方米施腐熟鸡粪2 000～3 000千克。三元复合肥60～70千克，每667平方米栽植5 000株左右。采用水稳苗定植方法，定植后灌水以保证成活。

西芹喜水喜肥，生长周期必须保证水肥供应。前期追肥以氮肥为主，磷肥、钾肥为辅；后期以氮、钾肥为主，磷肥为辅。同时保证微肥（如硼、钼、钙）供应，以防止发生缺素症。前期生长尽量给予较强的光照，以促进叶片粗壮；后期以弱光照为主，以促进植株纵向生长。由于西芹喜冷凉条件，生长期日温不能超过25℃，夜温不低于13℃。

防治西芹真菌及细菌性病害可用达科宁、雷多米尔、农用链霉素，用植病灵、病毒快克等防治病毒病，用阿克泰等防治蚜虫、白粉虱。

当单株西芹长至1.5千克以上时适时采收，整理干净后装箱销售。

附　录

日光温室蔬菜主要病虫害种类及农药防治方法

（根据寿光菜农防治病虫害经验总结）

1. 真菌类病害

(1)霜霉病、疫病(包括早疫病、晚疫病)用药种类及使用方法 70%乙磷铝·锰锌500倍液，72.2%普力克(霜霉威)800倍液，58%雷多米尔·锰锌(甲霜灵·锰锌)500倍液，50%甲霜·铜600倍液，50%甲霜·铝·铜500倍液，64%杀毒矾500倍液，85%三乙磷酸铝500倍液，69%安克·锰锌600～800倍液，58%霜尽400～500倍液，72%霜脲·锰锌(又名克露·霜疫清、霜疫净、红太阳等)500～600倍液，50%灭克(氟吗锰锌)500～600倍液，菌立灭4号500倍液，50%加收米水剂500倍液，易保500～600倍液，58%烯酰吗啉·福美双500～600倍液，58%烯酰吗啉·锰锌500～600倍液。每隔5～7天喷1次，防治2～3次。

(2)灰霉病、煤污病用药种类及使用方法 喷洒50%速克灵(腐霉利)可湿性粉剂1 000倍液，50%扑海因可湿性粉剂或悬浮剂1 000倍液，70%甲基托布津可湿性粉剂500～600倍液，40%百可得可湿性粉剂1 500倍液，40%施佳乐悬浮剂800～1 200倍液，50%农利灵500倍液，绿亨5号1 000～1 500倍液。每隔5～7天喷1次，连续防治2～3次。

(3)叶霉病、白粉病、锈病等用药种类及使用方法 喷洒氧硅唑(福星)4 000倍液，腈菌唑(福腈)1 500倍液，三唑酮(又名百里通、粉锈宁、20%粉锈宁乳油)一般作物3 000倍液以上、个别作物4 000倍液以上，速得利12.5%可湿性粉剂3 000倍液，德国拜耳公司生产的戎唑醇（好力克）5 000倍液，美国杜邦公司生产的万兴1 500倍液，国产赛星3 000倍液，世高800倍液，叶霉威500倍液，多霉威500倍液。以上农药每隔5～7天喷1次，交替使用，连续防治2～3次。

(4)蔓枯病、炭疽病等病害用药种类及使用方法 喷洒36%甲基硫菌灵悬浮剂400～500倍液，75%百菌清可湿性粉剂600倍液，80%炭疽福美胂600～800倍液，64%杀毒矾500～600倍液，77%氢氧化铜（又名可杀得、丰护安、瑞扑）500倍液，56%氧化亚铜（又名靠山）500～700倍液，菌立灭4号500～600倍液喷雾，也可用上述农药1倍溶液涂抹病部。还可用50%春雷氧氯铜（又名加瑞农、加收米）500倍液，50%施保功可湿性粉剂（通用名称为咪鲜安锰络合物）2 000倍液，安美托600～800倍液，炭疽净500倍液喷雾，每隔5～7天喷1次，交替使用，从发病初期开始，连续防治2～3次。

(5)斑枯病、褐斑病、灰斑病、轮纹病等叶斑病类用药种类及使用方法 喷洒75%达科宁（百菌清）500～600倍液，64%杀毒矾可湿性粉剂500～600倍液，70%代森锰锌、80%大生、强生等600～800倍液，10%多抗霉素（宝丽安）800～1 000倍液，好力克5 000倍液，施保功2 000倍液，易保500倍液，品润500倍液，斑博、斑神、斑速尽、叶斑净等500倍液，甲霜灵·锰锌500倍液喷雾。从发病初期开始，每隔5～7天喷1次，交替使用，连续防治2～3次。

(6)黄萎病、枯萎病、立枯病、根腐病等土传病害用药种类及使用方法 播种前可用50%多菌灵可湿性粉剂处理种子和土壤，或在生长期灌根、冲施；也可用恶霉灵（土菌清）拌种、处理土壤及在生长期灌根，防治茄子黄萎病及其他土传病害效果显著。用50%甲羟翁水剂500倍液浸种24小时，或用1 500倍液从苗期开始喷雾，每7天喷1次，连喷2～3次，对各种土传病害均有明显效果。用58%烯酰吗啉·福美双(又名霜尽、盖克)500倍液喷灌根际部，或在生长期每株灌药液250毫升，可防治各种土传病害。用45%三唑酮·福美双可湿性粉剂300倍液浸种或600～800倍液灌根，对茄子黄萎病、枯萎病以及各种作物的根腐病、立枯病、猝倒病、炭疽病、茎基腐病等土传病害均有较好防治效果，并能治愈根腐病、茎基腐病等病害。另外，用绿亨1号、8号、2号800～1 500倍液喷雾灌根，效果良好。用根病灵500倍液喷雾，防治效果也很好。用苗菌敌在育苗时处理苗床土壤，能培育无病菜苗，但不宜喷雾幼苗，以免发生药害。

(7)绵疫病、绵腐病、菌核病、白绢病等病害用药种类及使用方法 可用乙烯菌核利(农利灵)50%可湿性粉剂500～600倍液均匀喷洒作物发病各部位，每5～7天喷1次，防治2～3次。也可用40%菌核净可湿性粉剂3 000倍液喷雾防治，但此药易发生药害，因此应在专家指导下使用。用58%甲霜灵·锰锌500倍液喷雾防治绵疫病等病害，若与菌立灭4号或双抗霉素混合使用效果更好。也可用70%乙磷铝·锰锌与菌立灭4号或双抗霉素混合500～600倍液喷雾防治，还可用64%杀毒矾500倍液与速克灵、百可得等农药1 000倍液混合喷雾。

(8)芝麻斑点病、胡麻斑点病等病害的用药种类及使用方法 用络氨铜(又名消病灵、菌杀、双效灵、克病增产素、胶氨铜)15%或25%水剂300～500倍液喷雾防治，对防治各种作物上的芝麻斑点病、胡麻斑点病等效果显著，且能兼治细菌性病害。也可用77%氢氧化铜(可杀得、丰护安)400～500倍液喷雾防治。用30%氧氯化铜悬浮剂(氯化氧铜、王铜)600～

800 倍液喷雾，能有效防治芝麻斑点病、胡麻斑点病及各种细菌性病害。用德国拜耳公司生产的好力克 5 000 倍液防治芝麻斑点病，效果也很好。

2. 细菌性病害

(1)细菌性角斑病、叶斑病、缘枯病、斑疹病等病害用药种类及使用方法 用二元酸铜(琥胶肥酸铜、DT)30%悬浮剂 500～600 倍液喷雾防治叶片和果实上的细菌性病害，均有较好的防治效果。用 15%或 25%络氨铜水剂 300～500 倍液防治西瓜、甜瓜上的细菌性病害，效果良好。用噻枯唑(又名叶枯唑、川化-018、叶青双、叶枯宁、细菌净、细菌特净、细菌除尽、细菌扑杀等)20%或 25%可湿性粉剂 400～500 倍液喷雾防治叶片及果实上的细菌性病害，均有理想的效果，且能与任何农药混合使用，深受广大菜农的欢迎。用 72%农用链霉素 4 000 倍液或每 500 万单位链霉素对水 15 升喷雾防治叶片及果实上的细菌性病害，均有很好的效果。另外，选用绿亨 6 号 800～1 500 倍液，绿亨 7 号 500～600 倍液，冠菌清 1 000 倍液，冠菌铜 800 倍液，可杀得 2 000 制剂 3 000 倍液，抑快净 800～1 000倍液，防治叶片和果实上的细菌性病害也有理想的效果。

(2)细菌性青枯、溃疡、疮痂、茎部坏死等病害用药种类及使用方法 用 50%DT 可湿性粉剂 500～600 倍液喷雾、灌根，每 5～7 天喷 1 次，每 10～15 天灌根 1 次。也可用绿亨 6 号 1 000 倍液或用 30%氧氯化铜 300～500 倍液喷雾、灌根，还可用冠菌清 1 000 倍液喷雾、灌根。

3. 各种作物病毒病用药种类及使用方法 用盐酸吗啉胍酮(又名病毒 A、病毒净、病毒除尽)20%可湿性粉剂 400～500 倍液喷雾，每隔 3～5 天喷 1 次，连喷 3 次；也可用 5%菌毒清水剂(市场上出售的病毒净、毒痉净、毒霸等,主要成分就是菌毒清)300 倍液喷雾防治;用 1.5%植病灵乳剂 600 倍液喷雾,效果均较理想。用病毒克星 1 小袋(25 克)对水 30 升,菌克毒克 600 倍液,农康 1 小袋(10 克)对水 15 升,喷雾防治病毒病均有较好的效果。

4. 广谱性生物及抗生素杀菌杀毒剂 ①用井冈霉素 15%或 17%水溶性剂 500～1 000 倍液喷雾、灌根,对真菌、细菌、病毒各类病害均有较好的防治效果。②用根叶康(由青岛中垦化工有限公司生产)拌种、喷雾均能杀伤真菌、细菌病害,并能明显减轻各种作物病毒病的发生。③用益微(商品暂用名)拌种、喷雾能防治各种作物苗期病害、土传病害,对各种病毒类病害也有良好的控制作用。用益微拌种时,每 20 克可拌 667 平方米需用的种子;用于生长期喷雾时,每 20 克益微对水 15～30 升。

5. 大棚虫害种类及用药方法

(1)白粉虱、烟飞虱、蚜虫、蓟马等刺吸式口器害虫的用药种类及使用方法 此类农药种类很多,这里仅介绍主要品种及使用方法:用蚜虱宝 1 000～1 500 倍液,粉虱特 1 000 倍液,扑虱灵 800～1 000 倍液,莱喜 1 500 倍液,阿克泰 3 000 倍液,除尽 1 500 倍液,绿莱宝 1 500 倍液喷雾防治。

(2)斑潜蝇用药种类及使用方法 用神农乐 600～800 倍液,绿莱宝 1 500 倍液,莱喜 1 500 倍液,阿克泰 2 000 倍液,尽胜 1 500 倍液,48%乐斯本乳油 800～1 000 倍液,1.8%爱福丁乳油 3 000 倍液,10%吡虫啉水剂 1 500～2 000 倍液,10%天王星乳油 3 000～4 000 倍液喷雾防治。

(3)各种螟虫、蛾类虫害用药种类及使用方法 大棚蔬菜的此类害虫有棉铃虫、斜纹夜蛾、小菜蛾、菜青虫等咀嚼式昆虫和地蛆等地下害虫。可用50%辛硫磷乳油1000～1500倍液喷雾或冲施灌根，用20%高效氯氰菊酯2000倍液喷雾防治各种咀嚼式昆虫，用50%～80%敌敌畏乳油1000～1500倍液喷雾防治各种害虫，用敌敌畏制作的各种类型的烟雾剂均能防治各种害虫。还可用90%万灵1500倍液，48%乐斯本乳油800～1000倍液，生物药安打3000倍液喷雾防治。

(4)各种螨类用药种类及使用方法　用73%克螨特乳油2000～3000倍液，20%螨死净2000～2500倍液，20%扫螨净3000～4500倍液，虫螨杀星1500倍液，阿维除尽1000～1500倍液，1.8%阿维菌素1500倍液喷雾防治。

6. 根结线虫、茎线虫用药种类及使用方法　施用福气多、米乐尔、好年冬、线敌、线虫灵、线虫除尽、线虫速灭等颗粒剂防治，处理土壤时每667平方米用10～20千克，做条施或穴施时用3～5千克。也可用克兰德桑水剂灌根和冲施，灌根时用800～1000倍液，每株灌250～500毫升药液；冲施时每667平方米冲施2～3桶，即2～3千克农药。也可用1.8%阿维菌素水剂1千克冲施在菜地里，防治线虫的效果良好。

7. 各种作物除草剂　种类很多，寿光市推广的有以下品种。

(1)高效盖草能　主要用于油菜、西瓜、甜瓜、马铃薯等阔叶作物和阔叶蔬菜地的除草。其使用方法是：在作物播种后或作物具2～3片复叶时，每667平方米用10.8%盖草能乳油30～35毫升对水60升喷雾处理。

(2)苯磺隆(又名杜邦巨星、阔叶净)　主要用于冬小麦杂草。其使用方法是：每667平方米用75%巨星干悬浮剂1～1.5克对水30～40升喷雾防除杂草。

(3)乙莠水(通用名称乙草胺+莠去津)　主要用于玉米

田防除杂草。其使用方法是:在玉米播种后出苗前,每667平方米用40%乙莠水悬浮剂300～400毫升对水40～50升喷雾防除玉米田杂草。

(4)**除草醚** 适合施用的作物有大豆、花生、芹菜、胡萝卜、萝卜、茴香、油菜、菜花等作物,最适宜做喷雾防治杂草。但是,应在作物播种后出苗前应用。其使用方法是:每667平方米用25%除草醚可湿性粉剂500克左右对水30升喷雾处理土壤表面。

(5)**除草通(又名施田朴)** 适合施用的作物有玉米、大豆、棉花、蔬菜等作物,用于防除稗草、马唐草、狗尾草、早熟禾、藜、苋菜等杂草。其使用方法是:播种后出苗前每667平方米用33%施田朴乳油200～300毫升对水30～40升喷雾于地表。

(6)**地乐胺** 适用于大豆、茴香、萝卜、胡萝卜、韭菜、菜豆等作物防除杂草。其使用方法是:每667平方米用48%地乐胺乳油200～300毫升对水30～40升,喷雾处理地表,施药后划锄混土,然后再播种或移栽。

8. 大棚鼠害用药种类及方法 防治鼠害的方法很多,但要求对人、畜必须安全。这里仅介绍三种防鼠药的使用方法。

(1)**绿亨鼠克** 用1份药对水50毫升,再加入250～500克新鲜饵料搅拌均匀,于傍晚撒在老鼠出没的路线上。

(2)**大卫** 用1小盒大卫(5克)配制500克毒饵,于傍晚撒在老鼠出没的路线上。

(3)**玉虎** 用玉虎5毫升对水50毫升,与500克新鲜玉米或小麦粒拌匀制成毒饵,撒在老鼠出没的路线上。

9. 植物生长调节剂 大棚瓜菜有时生长过快,有时生长过慢,有时因温度过高或过低造成落花落果或化瓜现象,有时形成花打顶现象，这就需要用生长调节剂进行调理。寿光市菜农常用的生长调节剂有以下几种。

一是刺激生长，使果实变大变长的生长调节剂。主要有赤霉素、细胞分裂素、复硝酚胺（市场上销售的甜瓜膨大素、西瓜膨大素等）。

二是抑制作物生长的调节剂。主要有矮壮素、缩节胺（助壮素、稳丰等品牌）、多效唑、比久等。

三是促使作物果实早熟的生长调节剂。主要有40%乙烯利水剂、国光牌催红剂、必多收等药剂。

四是保花保果的生长调节剂。目前市场销售的主要有2,4-D、防落素、施特优、萘乙酸、芸薹素内酯（云大-120）、复硝酚钠（又名爱多收、爱农、丰产素、巨丰系列叶肥）等。

10. 大棚蔬菜生理性病害及缺素症用药种类 此类农药大多为蔬菜常用叶肥，种类很多，有爱多收、爱农、康凯、云大-120、云大-中天、纳米磁能液、绿芬威系列，铁、锌、钙达灵，金钙宝、三不落、巨丰系列、稀土绿霸王、太得肥等。